JN026567

化学系学生にわかりやすい
平衡論・速度論

博士(理学) **酒井 健一**
博士(工学) **酒井 秀樹**【共著】
工学博士 **湯浅 真**

コロナ社

ま　え　が　き

　本書は，大学の学部・大学院で化学平衡論，化学反応速度論およびその関連科目について講義している酒井（健），酒井（秀）および湯浅が，化学平衡論および化学反応速度論を学ぶ学生諸氏のために書いたものである。

　化学的な現象を物理学的な手法で研究する化学を物理化学といい，大変広範囲な学問領域であり，あらゆる化学分野の基礎となっている。物理化学には化学熱力学，化学平衡論，化学反応速度論，量子化学，電気化学などがある。このうち，本書で取り上げる化学平衡論は，可逆反応において順方向の反応と逆方向との反応速度が釣り合い，反応物と生成物の組成比が巨視的なレベルで変化しないという理論である。また，化学反応速度論は反応速度の測定により反応速度式を求め，それを検討することにより化学反応機構を明確にするという理論である。この化学平衡論と化学反応速度論は，無機化学や有機化学を勉強する上で基礎となる学問領域である。そのため内容は広範にわたり，一人で執筆することはとても難しいため，執筆者3名がそれぞれ得意分野や講義している分野をもとに分担執筆している。

　本書は，化学平衡論と化学反応速度論をそれぞれ基礎編と応用編に分けて構成している。

　化学平衡論の基礎編である1章では，化学平衡論の定義，熱力学の諸法則，化学ポテンシャル，相平衡と状態図，2成分系の相平衡などについて紹介する。化学平衡論の応用編である2章では，多成分系の相平衡，生体系における相平衡（多段平衡論を中心に）などについて述べる。

　化学反応速度論の基礎編である3章では，化学反応速度論の定義，反応速度式と反応次数，反応機構の基礎，反応速度の温度依存性などについて紹介する。さらに，化学反応速度論の応用編である4章では，各種反応機構の応用

例，生体系における化学反応速度論，高速反応測定法等を学ぶ。各章の最後には演習問題を設けたので，是非復習してほしい。

　本書の本文ページの見開き両端には〔memo〕欄を設けている。学生諸氏は，この〔memo〕欄に関連・補足事項や自分で気が付いたことなどを書き込んでいただき，本書を自分だけの化学平衡論・化学反応速度論のノートとして仕上げていただくことをお勧めする。そして化学平衡論および化学反応速度論を興味深く理解していただければ幸いである。

　本書の執筆に当たり，企画の段階から内容の検討など，刊行に至るまで，コロナ社の皆様に多大のご助言をいただいた。コロナ社の関係諸氏に心より感謝申し上げる次第である。

　2021 年 2 月

酒井　健一

酒井　秀樹

湯浅　　真

執筆分担

酒井　健一：　1 章

酒井　秀樹：　3 章

湯浅　　真：　2 章，4 章

目　　　次

1.　化学平衡論：基礎編

2.　化学平衡論：応用編

3.　化学反応速度論：基礎編

4.　化学反応速度論：応用編

第1章
化学平衡論：基礎編

1.1 序　　論

　高等学校で化学を学習した人に「化学平衡」というキーワードから連想することを尋ねれば，おそらく「ルシャトリエの法則」を思い浮かべるであろう。ルシャトリエの法則は，化学反応が平衡状態にあるとき，濃度，圧力，温度などの条件を変化させると，その変化による影響を打ち消す方向に平衡が移動し，新たな平衡状態を作り出すという法則である。この法則は自然界で起こる平衡反応の方向性を示唆しているが，高等学校で得る知識からだけでルシャトリエの法則が成立する理由を説明することは困難である。また，「平衡定数」という言葉を思い出す読者もいるであろう。例えば，気相平衡反応 A $\rightleftharpoons$ B の圧平衡定数は B（生成物）の分圧を A（反応物）の分圧で割り算した値として求まるが，一定温度の条件下でこの値が一定となる理由について，高等学校で得る知識からだけで説明することは，やはり困難である。

　第1章では，こうした疑問に答えることを目標に，平衡現象を解説する。ここで取り扱う平衡現象には以下の二つがある。

① 化学平衡（化学変化）：
　　反応系と生成系で化学種そのものに変化が生じる平衡（1.3 節）
② 相平衡（状態変化）：
　　化学種に変化はなく，相状態が変化する平衡（1.4 節，1.5 節）

　本節では以下，これら平衡現象を理解するのに必要となる基礎知識として，単位や状態変数について解説する。

1.1.1　国際単位系（SI）

　国際純正・応用化学連合（International Union of Pure and Applied Chemistry, IUPAC）は**表 1.1** に示した七つの物理量を **SI**（International System of Units）**基本単位**に定めている。

表 1.1　SI 基本単位の名称と記号

物理量	SI 基本単位の名称	SI 基本単位の記号
長　さ	メートル	m
質　量	キログラム	kg
時　間	秒	s
熱力学的温度	ケルビン	K
物質量	モ　ル	mol
電　流	アンペア	A
光　度	カンデラ	cd

　また，SI 基本単位を組み合わせた特別な名称をもつ **SI 組立単位**（あるいは SI 誘導単位）も存在する。平衡現象の理解に必要ないくつかの特別な名称をもつ SI 組立単位（SI 誘導単位）を**表 1.2** に示す。

表 1.2　SI 組立単位の例

物理量	SI 組立単位の名称	SI 組立単位の記号
力	ニュートン	N
圧　力	パスカル	Pa
エネルギー	ジュール	J

1.1.2　状　態　変　数

　ある与えられた状態を規定する変数のことであり，状態関数，あるいは状態量ともよばれる。**状態変数**（variable of state）には，**示量性変数**（extensive variable）（物質の量に依存する変数）と**示強性変数**（intensive variable）（物質の量に依存しない変数）がある。これらの代表例を**表 1.3** と**表 1.4** に示す。

表1.3　示量性変数の代表例

物理量	SI 単位での表記
質　量	kg
物質量	mol
体　積	m³
エネルギー （内部エネルギー，ギブスエネルギー，エンタルピー）	J
エントロピー，熱容量	J/K

表1.4　示強性変数の代表例

物理量	SI 単位での表記
温　度	K
圧　力	Pa
密　度	kg/m³
モル濃度（容量モル濃度）	mol/m³
質量モル濃度	mol/kg
比熱容量（比熱）	J/(K·kg)
化学ポテンシャル	J/mol

　示量性変数を示量性変数で割り算すると，示強性変数に変化する。例えば，物質量と質量はともに示量性変数であるが，これらの商である質量モル濃度は示強性変数である。同様に，熱容量と質量はともに示量性変数であるが，これらの商である比熱容量（比熱）は示強性変数である。

1.1.3　微分に関する重要な公式

〔1〕　全微分と偏微分

　x と y を変数とする関数 z，すなわち $z=z(x, y)$ を**全微分**（total differential）すると

$$dz = \left(\frac{\partial z}{\partial x}\right)_y dx + \left(\frac{\partial z}{\partial y}\right)_x dy \tag{1.1}$$

になる。また，$\left(\frac{\partial z}{\partial x}\right)_y dx$ と $\left(\frac{\partial z}{\partial y}\right)_x dy$ をそれぞれ，関数 z の変数 x と y

〔**memo**〕　に対する**偏微分**（partial differential）という。すなわち，偏微分の和が全微分である。偏微分係数 $\left(\dfrac{\partial z}{\partial x}\right)_y$ は，y を一定にしたときの，x の変化量に対する z の変化量（すなわち，x に対する z の変化率）を表している。

〔2〕 完 全 微 分

式（1.1）について

$$\left(\frac{\partial}{\partial y}\left(\frac{\partial z}{\partial x}\right)_y\right)_x = \left(\frac{\partial}{\partial x}\left(\frac{\partial z}{\partial y}\right)_x\right)_y \tag{1.2}$$

の関係が成り立っているとき，この微分形式を**完全微分**（exact differential）という。完全微分が成立するのは，関数 z が状態変数（状態を規定すれば一義的に値が定まる物理量）のときであり，次節以降で示す内部エネルギー，エンタルピー，ヘルムホルツエネルギー，ならびにギブスエネルギーはすべてこれに該当する。一方，熱と仕事は状態変数ではない（熱と仕事は経路に応じて値が変化する）ため，式（1.2）の関係は成り立たない。

1.2　化学熱力学の法則と自由エネルギー

　化学熱力学は，化学平衡論の基盤を成す学問である。本節では，化学熱力学のポイントを解説する。本書の姉妹書である『化学系学生にわかりやすい熱力学・統計熱力学』（湯浅真・北村尚斗 共著：コロナ社）に詳細な記述があるので，合わせて参照してほしい。

1.2.1　熱力学第一法則

系に与えられた**熱**（heat）を q，系がなされた**仕事**（work）を w としたとき，**系**（system）の**内部エネルギー**（internal energy）の変化量 ΔU は

$$\Delta U = q + w \tag{1.3}$$

で表される。式（1.3）の重要な点は，系の内部が基準になっていることである。すなわち，系が外部から熱を吸収していれば q の値は正となり（系は外部からエネルギーを獲得したことになる），系から外部に熱が放出されていれば q の値は負となる（系は外部にエネルギーを奪われたことになる）。同様に，系が外部から仕事をなされているときに w の値は正となり（系は外部からエネルギーを獲得），系が外部に仕事をしたときに w の値は負となる（系から外部にエネルギーを放出）。これらの関係を概略図として，**図**1.1 に示す。

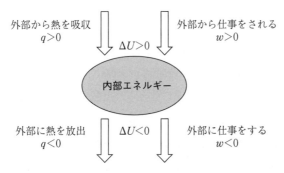

図1.1 熱，仕事，ならびに内部エネルギーの概念図

　孤立系（isolated system）では，外部と熱の出入りがなく（$q=0$），仕事の出入りもない（$w=0$）。そのため，孤立系の内部エネルギーは一定に保たれる（$\Delta U=0$）。この法則を**熱力学第一法則**（first law of thermodynamics），あるいは**エネルギー保存の法則**（law of conservation of energy）という。

1.2.2 熱力学第二法則

　熱力学第二法則（second law of thermodynamics）は，自然界で自発的に起こる反応の方向性を示唆する法則である。熱力学第二法則にはいくつかの同義な解釈があるので，ここではその代表的なものを紹介する。

① いかなる影響も残さずに，熱をすべて仕事に変換することはできない（**トムソンの原理**（Thomson principle））。

② いかなる影響も残さずに，低温熱源から高温熱源に熱を移すことはできない（**クラウジウスの原理**（Clausius principle））。

③ 孤立系において，**不可逆過程**（irreversible process）（自然界で実際に起こる過程）で系の状態が変化するとき，**エントロピー**（entropy）は増大し，平衡状態でその値は極大に達する。

エントロピー S とは，不規則性や乱雑性を表す指標であり，数学的には式（1.4）で定義される。

$$dS = \frac{\delta q_r}{T} \tag{1.4}$$

ここで，q_r は**可逆過程**（reversible process）（平衡を維持したまま理想状態で変化する過程）で系に与えられた熱であり，T は絶対温度である。エントロピーは状態を規定すれば一義的に値が定まる物理量であり，示量性の状態変数である。一方，熱（や仕事）は経路に応じて値が変化するため，状態変数ではない。式（1.4）はエントロピーと熱に関する微分量（微小な変化量）で表現しているが，その物理量が状態変数（つまりエントロピー）の場合には微分記号として d を，状態変数ではない（つまり熱の）場合には微分記号として δ をそれぞれ用いている。

孤立系では外部と熱の出入りが起こらない。そのため，可逆過程で孤立系の状態が変化しても，そのエントロピーに変化は生じない。これは，式（1.4）の δq_r が 0（ゼロ）となり，その結果，dS も 0（ゼロ）になるためである。一方，不可逆過程で孤立系の状態が変化すると，エントロピーが増大する方向に自発変化する（上記③）。詳細は割愛するが，可逆過程で系に与えられた熱 q_r と不可逆過程で系に与えられた熱 q_{ir} との間には，$\delta q_r > \delta q_{ir}$ の関係がある。孤立系では不可逆過程においても $\delta q_{ir} = 0$ となるため

$$\left(\frac{\delta q_r}{T} = dS\right) > \left(\frac{\delta q_{ir}}{T} = 0\right)$$

である。このような背景から，上記 ③ の関係（$dS > 0$）を説明できる。

　最後に，式（1.3）と式（1.4）を組み合わせることで，内部エネルギーとエントロピーの関係を導く。式（1.3）の両辺を微分すると

$$dU = \delta q + \delta w \tag{1.5}$$

であり，ここに式（1.4）の関係を代入すると

$$dU = TdS + \delta w \tag{1.6}$$

となる。なお，ここでは可逆過程での変化を前提とし，δq と δq_r を同一視した。外部からなされた仕事 w の微小変化 δw が可逆的な圧力-体積（PV）仕事のみで表されるとき

$$\delta w = -PdV \tag{1.7}$$

となるので，これを式（1.6）に代入すれば

$$dU = TdS - PdV \tag{1.8}$$

を得る。式（1.8）は熱力学の基礎方程式の一つである。式（1.7）で右辺にマイナス符号が付いているのは，系の内部をエネルギー授受の基準にとっているためである。すなわち，系の体積が圧縮されれば（$dV < 0$），系は外部から仕事をなされたことになり（$\delta w > 0$），系の内部エネルギーは増加する。逆に，系が外圧に抗して仕事をすれば（$\delta w < 0$），系の体積は膨張し（$dV > 0$），系は内部エネルギーを失うことになる。

　なお，エントロピーの基準を定める法則として**熱力学第三法則**（third law of thermodynamics）があり，純物質・完全結晶の絶対零度におけるエントロピーを 0（ゼロ）と定義している。

1.2.3　エンタルピーと熱容量

　エンタルピー（enthalpy）H は熱含量とも呼ばれ，内部エネルギー U と圧力-体積（PV）仕事を同時に含む量として定義される。すなわち

$$H = U + PV \tag{1.9}$$

である。U，P，ならびに V はいずれも状態変数であり，H も示量性の状態変数である。式 (1.9) の両辺を微分すれば

$$\mathrm{d}H = \mathrm{d}U + P\mathrm{d}V + V\mathrm{d}P \tag{1.10}$$

になるが，ここに式 (1.8) を代入すれば

$$\mathrm{d}H = T\mathrm{d}S + V\mathrm{d}P \tag{1.11}$$

を得る。式 (1.11) も熱力学の基礎方程式の一つである。

　一定圧力の条件下，1 K だけ温度を上昇させるのに必要な熱量を**定圧熱容量**（heat capacity at constant pressure）C_P という。定圧熱容量は示量性の値であるが，これを物質量で規格化すれば示強性の値に変化する（**定圧モル熱容量**（molar heat capacity at constant pressure）$\overline{C_P}$）。また，定圧熱容量を質量で規格化すれば，示強性の**比熱容量**（specific heat capacity），**比熱**（specific heat），あるいは**定圧比熱容量**（specific heat capacity at constant pressure）になる。定圧条件下では $\mathrm{d}P = 0$ になるので，式 (1.11) は

$$\mathrm{d}H = T\mathrm{d}S = \delta q \tag{1.12}$$

になる。ゆえに，定圧熱容量 C_P は

$$C_P = \left(\frac{\partial q}{\partial T}\right)_P = \left(\frac{\partial H}{\partial T}\right)_P \tag{1.13}$$

と表すことができる。このように，一定圧力の条件下で熱の出入りを評価する場合には，エンタルピーを用いるのが有益である。

　一方，一定体積の条件下，1 K だけ温度を上昇させるのに必要な熱量を**定容熱容量**（heat capacity at constant volume）C_V という。定圧熱容量と同様，定容熱容量も示量性の値であるが，これを物質量で規格化すれば示強性の値に変化する（**定容モル熱容量**（molar heat capacity at constant volume）$\overline{C_V}$）。定容条件下では $\mathrm{d}V = 0$ になるので，式 (1.8) は

$$\mathrm{d}U = T\mathrm{d}S = \delta q \tag{1.14}$$

になる。ゆえに，定容熱容量 C_V は

$$C_V = \left(\frac{\partial q}{\partial T}\right)_V = \left(\frac{\partial U}{\partial T}\right)_V \tag{1.15}$$

と表すことができる。

1.2.4 自由エネルギーの定義

外部から系に与えられた熱の一部はエントロピーの変化に用いられる。このときに必要となるエネルギーは系から取り出せないため，**束縛エネルギー**（bound energy）と呼ばれる。束縛エネルギーは絶対温度 T とエントロピー S の積として表される。ここで，内部エネルギー U から束縛エネルギーを差し引いたエネルギーを**ヘルムホルツエネルギー**（Helmholtz energy）A，エンタルピー H から束縛エネルギーを差し引いたエネルギーを**ギブスエネルギー**（Gibbs energy）G とそれぞれ定義する。すなわち

$$A = U - TS \tag{1.16}$$

$$G = H - TS \tag{1.17}$$

である。ヘルムホルツエネルギーとギブスエネルギーは，一定温度の条件下で系から取り出し得るエネルギーに相当することから，**自由エネルギー**（free energy）と呼ばれる。これら二つのエネルギーはともに，示量性の状態変数である。

ヘルムホルツエネルギーとギブスエネルギーの定義式からも，熱力学の基礎方程式を導くことができる。式（1.16）の両辺を微分すれば

$$dA = dU - TdS - SdT \tag{1.18}$$

となるが，ここに式（1.8）を代入すれば

$$dA = -PdV - SdT \tag{1.19}$$

を得る。同様に，式（1.17）の両辺を微分すれば

$$dG = dH - TdS - SdT \tag{1.20}$$

となるが，ここに式（1.11）を代入すれば

$$dG = VdP - SdT \tag{1.21}$$

を得る。式 (1.8)，(1.11)，(1.19)，ならびに式 (1.21) の関係を**表1.5**にまとめる。これらの式はいずれも，状態変数の完全微分になっているため，不可逆過程での変化についても適応可能である。

表1.5　熱力学の基礎方程式

熱力学変数	基礎方程式	自然変数（独立変数）	関数式
U	$dU = TdS - PdV$	S, V	$U = U(S, V)$
H	$dH = TdS + VdP$	S, P	$H = H(S, P)$
A	$dA = -PdV - SdT$	V, T	$A = A(V, T)$
G	$dG = VdP - SdT$	P, T	$G = G(P, T)$

1.2.5　マクスウェルの関係式

　熱力学の基礎方程式は完全微分の形式になっているため，これらについて以下の変換が可能である。例えば，内部エネルギー U はエントロピー S と体積 V を自然変数としているので，U を S と V で全微分すれば

$$dU = \left(\frac{\partial U}{\partial S}\right)_V dS + \left(\frac{\partial U}{\partial V}\right)_S dV \tag{1.22}$$

になる。さらにこれを交換微分すれば

$$\left(\frac{\partial}{\partial V}\left(\frac{\partial U}{\partial S}\right)_V\right)_S = \left(\frac{\partial}{\partial S}\left(\frac{\partial U}{\partial V}\right)_S\right)_V \tag{1.23}$$

になる。

　ここで，式 (1.22) は式 (1.8) と等価なので

$$\left(\frac{\partial U}{\partial S}\right)_V = T \tag{1.24}$$

$$\left(\frac{\partial U}{\partial V}\right)_S = -P \tag{1.25}$$

である。ゆえに，式 (1.24) と式 (1.25) の関係を式 (1.23) に代入すれば

〔memo〕

$$\left(\frac{\partial T}{\partial V}\right)_S = -\left(\frac{\partial P}{\partial S}\right)_V \tag{1.26}$$

を得る。式（1.26）は**マクスウェルの関係式**（Maxwell relations）の一つである。

同様の手順で，エンタルピー H の基礎方程式から

$$\left(\frac{\partial H}{\partial S}\right)_P = T \tag{1.27}$$

$$\left(\frac{\partial H}{\partial P}\right)_S = V \tag{1.28}$$

$$\left(\frac{\partial T}{\partial P}\right)_S = \left(\frac{\partial V}{\partial S}\right)_P \tag{1.29}$$

を得ることができる。ヘルムホルツエネルギー A の基礎方程式からは

$$\left(\frac{\partial A}{\partial V}\right)_T = -P \tag{1.30}$$

$$\left(\frac{\partial A}{\partial T}\right)_V = -S \tag{1.31}$$

$$\left(\frac{\partial P}{\partial T}\right)_V = \left(\frac{\partial S}{\partial V}\right)_T \tag{1.32}$$

を得ることができる。そして，ギブスエネルギー G の基礎方程式からは

$$\left(\frac{\partial G}{\partial P}\right)_T = V \tag{1.33}$$

$$\left(\frac{\partial G}{\partial T}\right)_P = -S \tag{1.34}$$

$$\left(\frac{\partial V}{\partial T}\right)_P = -\left(\frac{\partial S}{\partial P}\right)_T \tag{1.35}$$

を得ることができる。

1.2.6　自由エネルギーの性質

ヘルムホルツエネルギー A とギブスエネルギー G は，自然界で自発的に起こる反応の方向性を決める重要な状態変数である。すなわ

〔**memo**〕　ち，これら自由エネルギーが減少する方向に反応は進行し（$\Delta A < 0$，$\Delta G < 0$），平衡状態ではその変化量が 0（ゼロ）になる（$\Delta A = 0$，$\Delta G = 0$）。表 1.5 でまとめたように，ヘルムホルツエネルギーは体積 V と温度 T の関数として表すことができる。そのため，反応の自発性を一定体積かつ一定温度の条件下で判断する場合には，ヘルムホルツエネルギーが有用な指標となる。一方，ギブスエネルギーは圧力 P と温度 T の関数である。化学反応や相転移は，一定圧力（例えば，常圧）かつ一定温度（例えば，常温）の条件下で評価される場合が多い。そのため，ギブスエネルギーはこうした現象の自発性を評価するのに適している。

　ギブスエネルギーの微分式（1.20）を巨視的な変化量 Δ として記述すると

$$\Delta G = \Delta H - T\Delta S - S\Delta T \tag{1.36}$$

になる。ここに，定圧かつ定温（$\Delta T = 0$）という条件を加えると

$$\Delta G = \Delta H - T\Delta S \tag{1.37}$$

になる。上記のとおり，定圧かつ定温の条件下で反応が自発的に進むためには，$\Delta G < 0$ を満たす必要がある。ΔH と $T\Delta S$ の大小関係を考慮すると，**表 1.6** に示した「自発性○」の三つの場合に限り，反応が自発的に進行することがわかる。

表 1.6　ギブスエネルギーと反応の自発性

1	$\Delta H > 0$（吸熱）	$\Delta S > 0$	$\Delta H > T\Delta S$	→	$\Delta G > 0$	自発性 ×
2			$\Delta H < T\Delta S$	→	$\Delta G < 0$	自発性 ○
3			$\Delta S < 0$	→	$\Delta G > 0$	自発性 ×
4	$\Delta H < 0$（発熱）	$\Delta S < 0$	$\Delta S > 0$	→	$\Delta G < 0$	自発性 ○
5			$|\Delta H| > |T\Delta S|$	→	$\Delta G < 0$	自発性 ○
6			$|\Delta H| < |T\Delta S|$	→	$\Delta G > 0$	自発性 ×

1.2.7 ギブスエネルギーの圧力依存性

ギブスエネルギー G は圧力 P と温度 T の関数であるため，ここではまず，一定温度（$dT=0$）の条件下でギブスエネルギーの圧力依存性を考える。このとき，式（1.21）は

$$dG = VdP \tag{1.38}$$

になる。系の内部には理想気体が存在しているとして，式（1.38）を基準となる圧力 P^0 から任意の圧力 P の範囲で積分すれば

$$\int_{G^0}^{G} dG = \int_{P^0}^{P} VdP = \int_{P^0}^{P} \frac{nRT}{P} dP \tag{1.39}$$

になるので

$$G = G^0 + nRT \ln \frac{P}{P^0} \tag{1.40}$$

が成り立つ。ここで，圧力 P^0 におけるギブスエネルギーを G^0，圧力 P におけるそれを G とした。圧力の基準を 1 atm（$= 1.013\,25 \times 10^5$ Pa）に設定するのが便利であり，このとき，式（1.40）は

$$G = G^0 + nRT \ln P \tag{1.41}$$

と記述される。式（1.41）における圧力 P は，基準とした圧力 P^0 に対する相対圧として理解することができる（このときは無次元の値になる）。なお，10^5 Pa $= 1$ bar が熱力学的な **標準状態圧力**（standard state pressure）として定められており，温度については 298.15 K $=$ 25℃ を基準とするのが通例である。

1.2.8 ギブスエネルギーの温度依存性

ここでは 1.2.7 項とは逆に，一定圧力（$dP=0$）の条件下でギブスエネルギーの温度依存性を考える。このとき，式（1.21）は

$$dG = -SdT \tag{1.42}$$

になるが，ここにギブスエネルギーの定義式（1.17）を代入すると

$$\left(\frac{\partial G}{\partial T}\right)_P = -S = \frac{G-H}{T} \tag{1.43}$$

〔**memo**〕

を得る。次節以降で平衡定数に関する議論を深めるが，そのような場面では，ギブスエネルギー G を絶対温度 T で割った値を取り扱うことになる。そこで，式（1.43）を以下のように変形しておくのが便利である。

$$\left(\frac{\partial (G/T)}{\partial T}\right)_P = \frac{1}{T} \times \left(\frac{\partial G}{\partial T}\right)_P + \left(-\frac{G}{T^2}\right) = \frac{G-H}{T^2} - \frac{G}{T^2} = -\frac{H}{T^2}$$

(1.44)

さらに，ギブスエネルギー G をその変化量 ΔG で，エンタルピー H をその変化量 ΔH で表記すれば

$$\left(\frac{\partial (\Delta G/T)}{\partial T}\right)_P = -\frac{\Delta H}{T^2}$$

(1.45)

を得る。式（1.44）と式（1.45）はギブスエネルギーの温度依存性を表しており，**ギブス・ヘルムホルツの式**（Gibbs–Helmholtz equation）と呼ばれる。

1.3　化学ポテンシャルと圧平衡定数

　本節では，反応系と生成系で化学種が変化する化学平衡（化学変化）について解説する。ルシャトリエの法則は，化学平衡論の根幹である。

1.3.1　化学ポテンシャルの定義

　前節で述べたように，化学反応（および相転移）の自発性は，一定圧力かつ一定温度の条件下で評価される場合が多い。ギブスエネルギー G は圧力 P と温度 T を自然変数とするため，こうした現象を議論するのに適している。しかし，化学反応は一般に，系の内外で物質の出入りを伴う（このような系を**開放系**（open system）あるいは**開いた系**という）。そのため，圧力 P と温度 T に加えて，系内に存在す

る物質の組成あるいは濃度の変化も，自発性の判断に影響を与える因子となる。

　系内に存在する物質 $1, 2, \cdots, i$ の物質量をそれぞれ $n_1, n_2, \cdots, n_i$ とする。ギブスエネルギー G の関数式は表1.5で与えられるが，開放系を対象とする場合，ここに物質量 $n_1, n_2, \cdots, n_i$ も考慮する必要が出てくる。すなわち

$$G = G(P, T, n_1, n_2, \cdots, n_i) \tag{1.46}$$

であり，これを全微分すれば

$$
\begin{aligned}
\mathrm{d}G &= \left(\frac{\partial G}{\partial P}\right)_{T, n_i} \mathrm{d}P + \left(\frac{\partial G}{\partial T}\right)_{P, n_i} \mathrm{d}T + \left(\frac{\partial G}{\partial n_1}\right)_{P, T, n_i(i \neq 1)} \mathrm{d}n_1 + \cdots \\
&\quad + \left(\frac{\partial G}{\partial n_i}\right)_{P, T, n_j(j \neq i)} \mathrm{d}n_i \\
&= \left(\frac{\partial G}{\partial P}\right)_{T, n_i} \mathrm{d}P + \left(\frac{\partial G}{\partial T}\right)_{P, n_i} \mathrm{d}T + \sum_{i=1}^{i} \left(\frac{\partial G}{\partial n_i}\right)_{P, T, n_j(j \neq i)} \mathrm{d}n_i
\end{aligned}
\tag{1.47}
$$

になる。ここで，$\left(\dfrac{\partial G}{\partial n_i}\right)_{P, T, n_j(j \neq i)}$ を**化学ポテンシャル**（chemical potential）μ_i と定義すれば，式（1.47）は

$$\mathrm{d}G = \left(\frac{\partial G}{\partial P}\right)_{T, n_i} \mathrm{d}P + \left(\frac{\partial G}{\partial T}\right)_{P, n_i} \mathrm{d}T + \sum_{i=1}^{i} \mu_i \mathrm{d}n_i \tag{1.48}$$

あるいは

$$\mathrm{d}G = V\mathrm{d}P - S\mathrm{d}T + \sum_{i=1}^{i} \mu_i \mathrm{d}n_i \tag{1.49}$$

と簡略化される。さらに，一定圧力（$\mathrm{d}P = 0$）かつ一定温度（$\mathrm{d}T = 0$）の条件下において，式（1.48）と式（1.49）は

$$\mathrm{d}G = \sum_{i=1}^{i} \mu_i \mathrm{d}n_i \tag{1.50}$$

になる。式（1.50）を積分すれば

$$G = \sum_{i=1}^{i} \mu_i n_i \tag{1.51}$$

を得ることができる。

〔memo〕　　化学ポテンシャル μ_i は，多成分系における成分 i の**モルギブスエネルギー**（molar Gibbs energy）（1 mol 当りのギブスエネルギー）であり，**部分モル量**（partial molar quantity）の一つである。また，系全体のギブスエネルギーは，各成分の化学ポテンシャルにその物質量を掛け合わせた値の総和になる。つまり，化学ポテンシャルは**加成性**（additive property, additivity）が成り立つ。ギブスエネルギーと物質量はともに示量性の変数であるが，これらの商である化学ポテンシャルは示強性の変数になる。

1.3.2　化学ポテンシャルの性質

　　成分 i が α 相と β 相を成している系を考える。系が平衡状態に達しているとき，α 相と β 相の圧力と温度はそれぞれ等しい。いま，α 相から β 相に成分 i が微小な物質量 $\mathrm{d}n_i$ だけ移動したとする（**図 1.2**）。成分 i の α 相における化学ポテンシャルを $\mu_{i\alpha}$ とすると，α 相のギブスエネルギーは式（1.50）に従い，$-\mu_{i\alpha}\mathrm{d}n_i$ だけ変化する。同様に，成分 i の β 相における化学ポテンシャルを $\mu_{i\beta}$ とすると，β 相のギブスエネルギーは $+\mu_{i\beta}\mathrm{d}n_i$ だけ変化する。系全体のギブスエネルギーの変化量は，これらの総和で表されるので

$$\mathrm{d}G = -\mu_{i\alpha}\mathrm{d}n_i + \mu_{i\beta}\mathrm{d}n_i = (\mu_{i\beta}-\mu_{i\alpha})\mathrm{d}n_i \tag{1.52}$$

になる。一定圧力かつ一定温度の条件下において，系が平衡に達していれば $\mathrm{d}G=0$ を満たす必要があるので

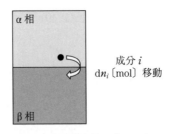

図 1.2　相平衡条件を導く概念図

$$\mu_{i\alpha} = \mu_{i\beta} \tag{1.53}$$

になる。つまり，α 相と β 相が平衡状態として共存するためには，両相の圧力と温度が等しいことに加えて，そこに存在する各成分の化学ポテンシャルも等しくなる必要がある。

　化学ポテンシャルは 1 mol 当りのギブスエネルギーであるので，その圧力依存性と温度依存性は，式 (1.41) と式 (1.45) にならって

$$\mu = \mu^0 + RT \ln P \quad \text{あるいは} \quad \mu = \mu^0(T) + RT \ln P \tag{1.54}$$

$$\left[\frac{\partial (\Delta \mu / T)}{\partial T} \right]_P = -\frac{\Delta \bar{H}}{T^2} \tag{1.55}$$

と表すことができる。式 (1.54) の第 2 式に表した $\mu^0(T)$ は，μ^0 が一定温度の条件下で求めたことを意識するための記述であり，この式は混合に伴うギブスエネルギーの変化量を誘導する際に利用される（1.3.3 項参照）。式 (1.54) が標準状態圧力（10^5 Pa = 1 bar）を基準に記されていれば，μ^0 あるいは $\mu^0(T)$ はその物質の**標準化学ポテンシャル**（standard chemical potential）と呼ばれる。また，式 (1.55) における $\Delta \bar{H}$ は 1 mol 当りのエンタルピー（**モルエンタルピー**（molar enthalpy））である。

1.3.3 混合に伴うギブスエネルギーの変化

　圧力 P，温度 T の条件下で i 個の理想気体がそれぞれ別個に存在しているとき，各成分のギブスエネルギー G_i は

$$G_i = \mu_i^0(P, T) n_i \tag{1.56}$$

で与えられる。ここで，$\mu_i^0(P, T)$ は純粋な成分 i がその圧力 P と温度 T の条件下で示す化学ポテンシャルであり，n_i は成分 i の物質量である。系全体のギブスエネルギー G_{initial} は，各成分のギブスエネルギーの総和で与えられるので

$$G_{\text{initial}} = \sum_{i=1}^{i} G_i = \sum_{i=1}^{i} \mu_i^0(P, T) n_i \tag{1.57}$$

〔**memo**〕になる。いま，一定圧力かつ一定温度の条件下で各成分が混合し，一つの系を成したとすると，そのギブスエネルギー G_{final} は式（1.51）にならって

$$G_{\text{final}} = \sum_{i=1}^{i} \mu_i n_i \tag{1.58}$$

と表すことができる。ゆえに，混合に伴うギブスエネルギーの変化量 ΔG_{mix} は

$$\Delta G_{\text{mix}} = G_{\text{final}} - G_{\text{initial}} = \sum_{i=1}^{i} \mu_i n_i - \sum_{i=1}^{i} \mu_i^{0}(P, T) n_i = \sum_{i=1}^{i} \{\mu_i - \mu_i^{0}(P, T)\} n_i \tag{1.59}$$

になる。2 成分（$i=1, 2$）の混合系に関して，ここまでの議論を模式的に示すと**図 1.3** のようになる。

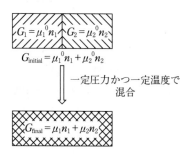

図 1.3　混合に伴うギブスエネルギーの変化（2 成分系の模式図）

式（1.54）の関係および**分圧の法則**（law of partial pressure）を考慮すると，式（1.59）の μ_i は

$$\begin{aligned}
\mu_i &= \mu_i^{0}(T) + RT \ln P_i \\
&= \mu_i^{0}(T) + RT \ln x_i P \\
&= \{\mu_i^{0}(T) + RT \ln P\} + RT \ln x_i \\
&= \mu_i^{0}(P, T) + RT \ln x_i \tag{1.60}
\end{aligned}$$

である。ここで，圧力 P は一定としたため，$\mu_i^{0}(T) + RT \ln P$ を $\mu_i^{0}(P, T)$ で置き換えた。ゆえに，式（1.60）を式（1.59）に代入すれば

$$\Delta G_{\mathrm{mix}} = \sum_{i=1}^{i} n_i RT \ln x_i = nRT \sum_{i=1}^{i} x_i \ln x_i \tag{1.61}$$

を得る。n は系内に存在する物質の全物質量であり，x_i は成分 i のモル分率である。モル分率の値は $0 < x_i < 1$ を満たすので，$\ln x_i$ の値は負になる。その結果，ΔG_{mix} の値も負になることから，理想気体を混合するとギブスエネルギーは減少する。すなわち，一定圧力かつ一定温度の条件下で，理想気体は自発的に混合する。

　つぎに，理想気体の混合に伴う体積の変化量 ΔV_{mix}，エントロピーの変化量 ΔS_{mix}，ならびにエンタルピーの変化量 ΔH_{mix} を求める。一定温度の条件下で，ギブスエネルギーは圧力と式（1.33）の関係を有するが，そのギブスエネルギーを ΔG_{mix}，体積を ΔV_{mix} で置き換えると

$$\left(\frac{\partial \Delta G_{\mathrm{mix}}}{\partial P} \right)_T = \Delta V_{\mathrm{mix}} \tag{1.62}$$

になる。ΔG_{mix} については，式（1.61）で表されるが，ここには圧力 P に依存する関数は存在しない。ゆえに，ΔV_{mix} は 0（ゼロ）になり，理想気体の混合は体積の変化を伴わずに起こることがわかる。

　一定圧力の条件下で，ギブスエネルギーは温度と式（1.34）の関係を有するが，そのギブスエネルギーを ΔG_{mix}，エントロピーを ΔS_{mix} で置き換え，式（1.61）を適用すると

$$\left(\frac{\partial \Delta G_{\mathrm{mix}}}{\partial T} \right)_P = -\Delta S_{\mathrm{mix}} = nR \sum_{i=1}^{i} x_i \ln x_i \tag{1.63}$$

になる。ゆえに，ΔS_{mix} は

$$\Delta S_{\mathrm{mix}} = -nR \sum_{i=1}^{i} x_i \ln x_i \tag{1.64}$$

になる。モル分率の値は $0 < x_i < 1$ を満たすので，ΔS_{mix} の値は正になる。ゆえに，理想気体を混合するとエントロピーは増大，すなわち系の乱雑さは増大することになる。

　一定圧力かつ一定温度の条件下で，系のギブスエネルギーは式

〔**memo**〕　（1.37）の関係を有するが，これらの変数を混合に伴う変化量にそれぞれ置き換えると

$$\Delta G_{\mathrm{mix}} = \Delta H_{\mathrm{mix}} - T\Delta S_{\mathrm{mix}} \tag{1.65}$$

になる。式（1.65）に式（1.61）と式（1.64）を代入すると，ΔH_{mix} は 0（ゼロ）になる。つまり，理想気体の混合はエンタルピーの変化を伴わずに起こる。以上の議論より，一定圧力かつ一定温度の条件下で，理想気体の混合は自発的に進行するが，この自発性はエントロピーの増大に起因し，エンタルピーに因らないことがわかる。

1.3.4　質量作用の法則と圧平衡定数

一定温度の条件下，**表 1.7** の気相反応を考える。ここで，A，B，C，D は化学種を表し，ν_{A}，ν_{B}，ν_{C}，ν_{D} は（化学量論）係数を表している。また，ξ は物質量と同じ次元を有する物理量であり，**反応の進行度**（extent of reaction）とも呼ばれる。ξ は正の値として定義する。

表 1.7　気相反応の物質収支

気相反応	$\nu_{\mathrm{A}}\mathrm{A}$	$+$	$\nu_{\mathrm{B}}\mathrm{B}$	$\rightleftharpoons$	$\nu_{\mathrm{C}}\mathrm{C}$	$+$	$\nu_{\mathrm{D}}\mathrm{D}$
初期物質量	$n_{\mathrm{A}}{}^0$		$n_{\mathrm{B}}{}^0$		$n_{\mathrm{C}}{}^0$		$n_{\mathrm{D}}{}^0$
変化量	$-\nu_{\mathrm{A}}\xi$		$-\nu_{\mathrm{B}}\xi$		$+\nu_{\mathrm{C}}\xi$		$+\nu_{\mathrm{D}}\xi$
平衡物質量	$n_{\mathrm{A}}=n_{\mathrm{A}}{}^0-\nu_{\mathrm{A}}\xi$		$n_{\mathrm{B}}=n_{\mathrm{B}}{}^0-\nu_{\mathrm{B}}\xi$		$n_{\mathrm{C}}=n_{\mathrm{C}}{}^0+\nu_{\mathrm{C}}\xi$		$n_{\mathrm{D}}=n_{\mathrm{D}}{}^0+\nu_{\mathrm{D}}\xi$

表 1.7 からわかるように，平衡状態における物質（化学種）i の物質量 n_i は

$$n_i = n_i{}^0 + \nu_i\xi \tag{1.66}$$

で表される。$n_i{}^0$ は定数なので，式（1.66）を両辺微分すれば

$$\mathrm{d}n_i = \nu_i\mathrm{d}\xi \tag{1.67}$$

になり，これを式（1.50）に代入すれば

$$\mathrm{d}G = \sum_i \nu_i\mu_i\mathrm{d}\xi \tag{1.68}$$

を得る。ここで，進行度に対するギブスエネルギーの増加率 $\left(\dfrac{\partial G}{\partial \xi}\right)_T$

を**反応のギブスエネルギー**（reaction Gibbs energy）ΔG_r と定義すれ 〔memo〕
ば

$$\Delta G_r = \left(\frac{\partial G}{\partial \xi}\right)_T = \sum_i \nu_i \mu_i \tag{1.69}$$

を得る。例えば，表1.7で示した反応については

$$\Delta G_r = (\nu_C \mu_C + \nu_D \mu_D) - (\nu_A \mu_A + \nu_B \mu_B) \tag{1.70}$$

になる。つまり，反応のギブスエネルギーは進行度に対するギブスエネルギーの増加率として定義したが，実際のところは，生成系と反応系の化学ポテンシャルの差に相当している。正反応（反応系から生成系への反応）が自発的に進行するためには，反応のギブスエネルギーは減少する必要があり $\left(\Delta G_r < 0,\ \left(\frac{\partial G}{\partial \xi}\right)_T < 0\right)$，平衡状態に達すると生成系と反応系の化学ポテンシャルは等しくなる $\left(\Delta G_r = 0,\ \left(\frac{\partial G}{\partial \xi}\right)_T = 0\right)$。これらの関係を模式図として，**図1.4** に示す。

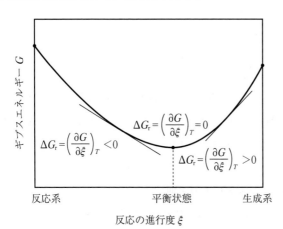

図1.4 ギブスエネルギーと反応の進行度の関係

式（1.54）を系内に存在する各成分の相対分圧 P_i で記述すると

$$\mu_i = \mu_i^0 + RT \ln P_i \tag{1.71}$$

になる。式（1.71）を式（1.70）に代入して整理すると

$$\Delta G_r = \left(\nu_C \mu_C{}^0 + \nu_D \mu_D{}^0 - \nu_A \mu_A{}^0 - \nu_B \mu_B{}^0\right) + RT \ln\left(\frac{P_C{}^{\nu_C} P_D{}^{\nu_D}}{P_A{}^{\nu_A} P_B{}^{\nu_B}}\right)$$

(1.72)

になる。右辺の（）でくくった項を ΔG^0 と定義し，自然対数の中に現れる分数項を K_P と表せば

$$K_P = \frac{P_C{}^{\nu_C} P_D{}^{\nu_D}}{P_A{}^{\nu_A} P_B{}^{\nu_B}}$$

(1.73)

$$\Delta G_r = \Delta G^0 + RT \ln K_P$$

(1.74)

を得る。K_P は**圧平衡定数**（pressure equilibrium constant）と呼ばれ，一定温度ではその反応に固有の値となる。また，式（1.71）が標準状態圧力（10^5 Pa $= 1$ bar）を基準に記されていれば，ΔG^0 は**標準反応ギブスエネルギー**（standard reaction Gibbs energy）と呼ばれる。平衡状態においては，ΔG_r が 0（ゼロ）になるので

$$\Delta G^0 = -RT \ln K_P$$

(1.75)

あるいは

$$K_P = \exp\left(-\frac{\Delta G^0}{RT}\right)$$

(1.76)

が成り立つ。これらの関係を，**質量作用の法則**（law of mass action）という。ΔG^0 の値が負に大きくなるほど，圧平衡定数 K_P の値は大きくなり，平衡は生成系側に傾くようになる。

1.3.5 ルシャトリエの法則

ギブスエネルギーの温度依存性はギブス・ヘルムホルツの式（1.45）で与えられた。ここでは，この式を利用することで，圧平衡定数に及ぼす温度の影響を考察する。式（1.45）の ΔG を標準反応ギブスエネルギー ΔG^0 に，ΔH を**標準反応エンタルピー**（standard reaction enthalpy）ΔH^0 にそれぞれ置き換え，式（1.75）をここに代入すると

$$\left(\frac{\partial \ln K_P}{\partial T}\right)_P = \frac{\Delta H^0}{RT^2}$$

(1.77)

〔memo〕

を得る。また，温度の逆数$1/T$をTで微分すると$-1/T^2$になるので（$dT = -T^2 d(1/T)$），式（1.77）は

$$\left(\frac{\partial \ln K_P}{\partial (1/T)}\right)_P = -\frac{\Delta H^0}{R} \tag{1.78}$$

とも記述できる。式（1.77）と式（1.78）は**ファントホッフの定圧式**（van't Hoff equation at constant pressure）と呼ばれ，圧平衡定数の温度依存性を表している。

　標準反応エンタルピーΔH^0が正の値，すなわち，対象とする正反応が**吸熱反応**（endothermic reaction）で進行する場合，式（1.78）の右辺は負の値になる。つまり，温度の逆数$1/T$が大きな値になる（すなわち，温度Tが低くなる）ほど，$\ln K_P$の値は小さくなる。換言すると，対象とする反応の平衡を生成系側により傾けるためには，高温ほど有利なことがわかる。一方，対象とする正反応が**発熱反応**（exothermic reaction）で進行する場合，式（1.78）の右辺は正の値になる。つまり，温度の逆数$1/T$が大きな値になる（すなわち，温度Tが低くなる）ほど，$\ln K_P$の値は大きくなる。ゆえに，対象とする反応の平衡を生成系側により傾けるためには，低温ほど有利である。これらの関係を模式図として，**図 1.5**に示す。これらの関係は，**ルシャトリエの法則**（Le Chatelier principle）として知られている。

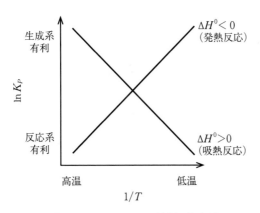

図 1.5　ルシャトリエの法則の概念図

〔memo〕

1.4　相平衡と状態図

　本節では，物質の相平衡（状態変化）について解説する。前半では，純物質の相平衡について，おもに熱の出入りという観点から議論する。後半では，2成分系の相平衡について，ギブスの相律に基づき議論する。

1.4.1　純物質の化学ポテンシャルと相転移

　前節までで述べてきたように，化学ポテンシャル μ（1 mol 当りのギブスエネルギー）は圧力 P と温度 T の関数である。純物質の相状態も圧力と温度に依存して変化するため，ここでは化学ポテンシャルと**相転移**（phase transition）の関係を考察する。化学ポテンシャルは式（1.79）の関係で記述されるが，ここに定圧条件（$\mathrm{d}P=0$）を加えると，式（1.80）もしくは式（1.81）になる。

$$\mathrm{d}\mu = \bar{V}\mathrm{d}P - \bar{S}\mathrm{d}T \tag{1.79}$$

$$\mathrm{d}\mu = -\bar{S}\mathrm{d}T \tag{1.80}$$

$$\left(\frac{\partial \mu}{\partial T}\right)_P = -\bar{S} \tag{1.81}$$

　1 mol 当りのエントロピー $\bar{S}$ はつねに正の値であるため，式（1.81）の右辺は負の値になる。すなわち，定圧条件下で温度 T が上昇すると，純物質の化学ポテンシャル μ は低下する。

　ある純物質の固体状態を s，液体状態を l，気体状態を g として，各相状態における化学ポテンシャルを式（1.81）にならって記述すれば

$$\left(\frac{\partial \mu_s}{\partial T}\right)_P = -\bar{S}_s \tag{1.82}$$

〔memo〕

$$\left(\frac{\partial \mu_l}{\partial T}\right)_P = -\bar{S}_l \tag{1.83}$$

$$\left(\frac{\partial \mu_g}{\partial T}\right)_P = -\bar{S}_g \tag{1.84}$$

になる。エントロピーは乱雑性を表す指標であり，純物質 1 mol 当り
で比較すると，固体，液体，気体の順にその値は大きくなる（$\bar{S}_s < \bar{S}_l \ll \bar{S}_g$）。化学ポテンシャル μ を縦軸に，温度 T を横軸にとってこれ
らの関係を図示すると，**図 1.6** のようになる。各相状態を表す直線の
傾き（絶対値）は 1 mol 当りのエントロピー に相当することから，
固体，液体，気体の順に傾きは大きくなる。化学ポテンシャルが低下
する方向に反応（相転移）は進むため，各温度での化学ポテンシャル
は図 1.6 中の太線で示す値になる。また，各直線の交点がこの圧力条
件下における**相転移点**（phase transition point）である。μ_s と μ_l が一
致する点を**融点**（melting point）（もしくは**凝固点**（freezing point）），
μ_l と μ_g が一致する点を**沸点**（boiling point）という。

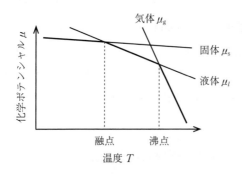

図 1.6 化学ポテンシャルと相転移

一方，定温条件下（$dT = 0$）で式（1.79）を考えると

$$\left(\frac{\partial \mu}{\partial P}\right)_T = \bar{V} \tag{1.85}$$

になる。純物質 1 mol 当りの体積 $\bar{V}$ はつねに正の値になるため，定
温条件下で圧力が下がると，化学ポテンシャルも低下する。式（1.82）

〔memo〕　〜(1.84) と同様に，各相状態での化学ポテンシャルを考えると

$$\left(\frac{\partial \mu_s}{\partial P}\right)_T = \overline{V_s} \tag{1.86}$$

$$\left(\frac{\partial \mu_l}{\partial P}\right)_T = \overline{V_l} \tag{1.87}$$

$$\left(\frac{\partial \mu_g}{\partial P}\right)_T = \overline{V_g} \tag{1.88}$$

になる。純物質 1 mol 当りの体積は，固体，液体，気体の順に大きくなる（$\overline{V_s} < \overline{V_l} \ll \overline{V_g}$）。とりわけ，$\overline{V_l}$ に比べて $\overline{V_g}$ はきわめて大きな値となる。そのため，圧力 P の変化が化学ポテンシャル μ に及ぼす影響は，気体状態のときに著しく大きくなる。

　図1.6 の状態から系が減圧されたときに起こる変化を**図1.7** に示す。減圧に伴って融点と沸点はともに低下するが，化学ポテンシャルの変化量は気体状態のときに最も大きくなるため，融点の低下度に比べて沸点のそれは大きくなる。気体状態での化学ポテンシャルの変化量がさらに大きくなり，μ_s, μ_l, μ_g が一致した場合（**図1.8**），この相転移点は**三重点**（triple point）と呼ばれる。三重点においては，固体，液体，気体の 3 相が平衡状態として共存できる。**図1.9** では，μ_s と μ_g が一致している。この相転移点は**昇華点**（sublimation point）と呼ばれ，液体を介さずに固体から気体，あるいは気体から固体への相

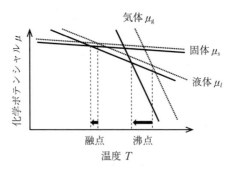

図1.7　減圧に伴う相転移点の変化

〔memo〕

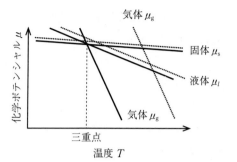

図1.8 化学ポテンシャルと三重点の関係

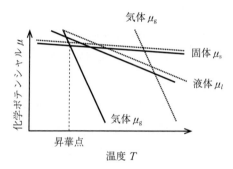

図1.9 化学ポテンシャルと昇華点の関係

転移が起こる。

1.4.2 純物質の状態図

平衡状態で α 相と β 相が共存している状況を考える。系の圧力と温度が微小量変化したとき（$P \rightarrow P+dP$ および $T \rightarrow T+dT$），各相の化学ポテンシャル（μ_α, μ_β）もそれに伴い微小量変化する。この変化を式（1.79）にならって記述すれば

$$d\mu_\alpha = \overline{V}_\alpha dP - \overline{S}_\alpha dT \tag{1.89}$$

$$d\mu_\beta = \overline{V}_\beta dP - \overline{S}_\beta dT \tag{1.90}$$

になる。ここで，$\overline{V}_\alpha$ と $\overline{V}_\beta$ は各相における純物質 1 mol 当りの体積，$\overline{S}_\alpha$ と $\overline{S}_\beta$ は各相における純物質 1 mol 当りのエントロピーである。相

〔memo〕 平衡を保つためには，$\mathrm{d}\mu_\alpha = \mathrm{d}\mu_\beta$ になる必要があるため

$$\bar{V}_\alpha \mathrm{d}P - \bar{S}_\alpha \mathrm{d}T = \bar{V}_\beta \mathrm{d}P - \bar{S}_\beta \mathrm{d}T \tag{1.91}$$

である。この式を整頓すると

$$\frac{\mathrm{d}P}{\mathrm{d}T} = \frac{\bar{S}_\beta - \bar{S}_\alpha}{\bar{V}_\beta - \bar{V}_\alpha} = \frac{\Delta\bar{S}_t}{\Delta\bar{V}_t} \tag{1.92}$$

になる。$\Delta\bar{V}_t$ と $\Delta\bar{S}_t$ はそれぞれ，相転移に伴う純物質1 mol 当りの体積変化（**モル転移体積**（molar transition volume））およびエントロピー変化（**モル転移エントロピー**（molar transition entropy））を表している。添え字の t は転移（transition）の頭文字である。式（1.92）は**クラペイロンの式**（Clapeyron equation）と呼ばれ，$\mathrm{d}P/\mathrm{d}T$ は純物質の**状態図**（state diagram, phase diagram）（縦軸が圧力 P，横軸が温度 T）における相境界線の勾配を表している。

　一定温度かつ一定圧力の条件下，純物質から成る α 相と β 相が平衡状態にあるとき，相転移に伴う化学ポテンシャルの変化量 $\Delta\mu_t$ は 0（ゼロ）になる。ここで，式（1.37）にならって，相転移に伴う1 mol 当りのエンタルピーとエントロピーの変化量（$\Delta\bar{H}_t$, $\Delta\bar{S}_t$）を関係づけると

$$\Delta\mu_t = \Delta\bar{H}_t - T\Delta\bar{S}_t = 0 \tag{1.93}$$

になるので

$$\Delta\bar{S}_t = \frac{\Delta\bar{H}_t}{T} \tag{1.94}$$

が成り立つ。式（1.94）を式（1.92）に代入すれば

$$\frac{\mathrm{d}P}{\mathrm{d}T} = \frac{\Delta\bar{S}_t}{\Delta\bar{V}_t} = \frac{\Delta\bar{H}_t}{T\Delta\bar{V}_t} \tag{1.95}$$

になる。ここで，温度 T はその圧力条件下における相転移点（融点・沸点・昇華点）である。

　モル転移体積 $\Delta\bar{V}_t$，モル転移エントロピー $\Delta\bar{S}_t$，ならびに**モル転移エンタルピー**（molar transition enthalpy）$\Delta\bar{H}_t$ の関係を**表1.8**に示

〔**memo**〕

表1.8 相転移と熱力学量の関係

状態変化	相転移点	$\Delta \overline{V}_t$	$\Delta \overline{S}_t$	$\Delta \overline{H}_t$	dP/dT
一般的な純物質（水を除く）					
固体 → 液体	融 点	正	正	正	正
液体 → 気体	沸 点	正	正	正	正
固体 → 気体	昇華点	正	正	正	正
水					
固体（氷） → 液体（水）	融 点	負	正	正	負
液体（水） → 気体（水蒸気）	沸 点	正	正	正	正
固体（氷） → 気体（水蒸気）	昇華点	正	正	正	正

す。ここでは，一般的な純物質（水を除く）と水を対比して示す。水の場合，固体（氷）から液体（水）に転移する際に 1 mol 当りの体積

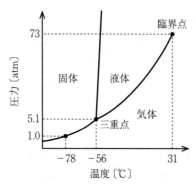

図 1.10 二酸化炭素の状態図（概略）

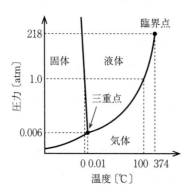

図 1.11 水の状態図（概略）

〔memo〕 が例外的に小さくなる。これは液体状態になると，分子間に水素結合が働くためである。そのため，水の場合，固体と液体との相境界線は他の一般的な純物質と異なり，負の傾きを示す。**図 1.10** に二酸化炭素の状態図（一般的な純物質の例），**図 1.11** に水の状態図を示す。これらの状態図において，表 1.8 に示した dP/dT の関係が成り立っていることを確認して欲しい。

1.4.3 クラウジウス・クラペイロンの式

液体から気体への相転移を考える。純物質 1 mol 当りの体積は，液体から気体に転移することできわめて大きくなる（$\overline{V_l} \ll \overline{V_g}$）。そのため，式（1.95）は

$$\frac{dP}{dT} = \frac{\Delta\overline{H_t}}{T\Delta\overline{V_t}} = \frac{\Delta\overline{H_t}}{T(\overline{V_g} - \overline{V_l})} \approx \frac{\Delta\overline{H_t}}{T\overline{V_g}} = \frac{P\Delta\overline{H_t}}{RT^2} \tag{1.96}$$

と近似できる。式（1.96）の変形では，理想気体の状態方程式 $P\overline{V_g} = RT$ を利用した。ここで，式（1.96）の $\Delta\overline{H_t}$ は**蒸発**（evaporation, vaporization）に伴う純物質 1 mol 当りのエンタルピーの変化量（**モル蒸発エンタルピー**（molar vaporization enthalpy））である。式（1.96）は**クラウジウス・クラペイロンの式**（Clausius–Clapeyron equation）と呼ばれ，**蒸気圧**（vapor pressure）と沸点を関係づける重要な式である。

ある限られた温度範囲で，モル蒸発エンタルピーが変化しないと仮定する。このとき，式（1.96）を変数分離の上，不定積分すれば

$$\ln P = -\frac{\Delta\overline{H_t}}{RT} + C \quad \text{あるいは} \quad \log P = -\frac{\Delta\overline{H_t}}{2.303RT} + C' \tag{1.97}$$

になる。C および C' は積分定数である。また，式（1.96）を圧力 $P_1 \rightarrow P_2$，温度 $T_1 \rightarrow T_2$ の範囲で定積分すれば

$$\ln\frac{P_2}{P_1} = -\frac{\Delta\overline{H_t}}{R}\left(\frac{1}{T_2} - \frac{1}{T_1}\right) \quad \text{あるいは}$$

$$\log \frac{P_2}{P_1} = -\frac{\Delta \overline{H}_t}{2.303R}\left(\frac{1}{T_2} - \frac{1}{T_1}\right) \tag{1.98}$$

になる。式 (1.97) あるいは式 (1.98) を利用すると，モル蒸発エンタルピーを実験的に求めることができる。すなわち，さまざまな蒸気圧〔Pa〕で沸点〔K〕を測定し，蒸気圧の自然対数（あるいは常用対数）を縦軸に，沸点の逆数を横軸に実験結果をプロットすれば，負の傾きを有する直線関係が見出され，その値に $-R$（あるいは $-2.303R$）を掛ければ，モル蒸発エンタルピー〔J/mol〕を見積もることができる。

　式 (1.94) の関係を利用すれば，蒸発に伴う純物質 1 mol 当りのエントロピーの変化量（**モル蒸発エントロピー**（molar vaporization entropy）） $\Delta \overline{S}_t$ も求めることができる。1 atm におけるモル蒸発エントロピーは多くの物質について，おおよそ 85 J/(K·mol) になる。この経験的な法則を**トルートンの法則**（Trouton rule）という。一方，水のモル蒸発エントロピーは 1 atm で約 109 J/(K·mol) であり，他の物質よりも大きい。液体状態の水は分子間で水素結合を形成しているため，気体状態に転移（蒸発）する際にこの結合を切断する必要がある。そのため，水は他の物質よりも，液体から気体への相転移に際して多くのエネルギーを要する。このことが，水のモル蒸発エントロピーが他の物質のそれよりも大きくなる原因である。

　純物質 1 mol 当りの体積は，固体から気体に転移するときにもきわめて大きくなる（ $\overline{V}_s \ll \overline{V}_g$ ）。そのため，固体から気体への相転移についても，式 (1.96) は同様に成立する。このときの $\Delta \overline{H}_t$ は，**昇華**（sublimation）に伴う純物質 1 mol 当りのエンタルピーの変化量（**モル昇華エンタルピー**（molar sublimation enthalpy））である。一方，固体から液体への相転移（**融解**（melting））については，両相での体積変化（純物質 1 mol 当り）が小さいため，式 (1.96) を適用することはできない。

　　1.4.4　ギブスの相律

　c 個の成分（$1, 2, 3, \cdots, c$）が p 個の相（$\alpha, \beta, \gamma, \cdots, p$）を形成している平衡系を考える。この相状態を変えることなく，独立に動かすことができる示強性変数の数を**自由度**（degree of freedom）f という。自由度，成分数，ならびに相数の間には，以下の関係性がある。この関係性を**相律**（phase rule）という。

$$f = c - p + 2 \tag{1.99}$$

以下，式（1.99）が成り立つことを証明する。

　まず，すべての変数は（$c \times p + 2$）個存在する。ここで 2 を加えている理由は，温度と圧力を変数として数えているためである。すべての変数の数から，従属関係にある変数の数を除けば，独立変数の数（すなわち，自由度）を求めることができるので，つぎに従属変数の数を検討する。各成分について，各相の化学ポテンシャルは等しくなるので

$$\mu_{1\alpha} = \mu_{1\beta} = \mu_{1\gamma} = \cdots = \mu_{1p}$$
$$\mu_{2\alpha} = \mu_{2\beta} = \mu_{2\gamma} = \cdots = \mu_{2p}$$
$$\mu_{3\alpha} = \mu_{3\beta} = \mu_{3\gamma} = \cdots = \mu_{3p}$$
$$\vdots$$
$$\mu_{c\alpha} = \mu_{c\beta} = \mu_{c\gamma} = \cdots = \mu_{cp} \tag{1.100}$$

の関係がある。これらの式について，従属関係は $\{c \times (p-1)\}$ 個存在する。また，各相内でのモル分率には

$$x_{1\alpha} + x_{2\alpha} + x_{3\alpha} + \cdots + x_{c\alpha} = 1$$
$$x_{1\beta} + x_{2\beta} + x_{3\beta} + \cdots + x_{c\beta} = 1$$
$$x_{1\gamma} + x_{2\gamma} + x_{3\gamma} + \cdots + x_{c\gamma} = 1$$
$$\vdots$$
$$x_{1p} + x_{2p} + x_{3p} + \cdots + x_{cp} = 1 \tag{1.101}$$

の関係がある。これらの式について，従属関係は p 個存在する。ゆえに，独立変数の数（自由度）は

$$f = (c \times p + 2) - \{c \times (p-1) + p\} = c - p + 2 \qquad (1.102)$$

と求まり，式 (1.99) の関係を確認できる。

　純物質（1 成分系, $c=1$）の場合には，$f=3-p$ となる。固体，液体，あるいは気体が 1 相で存在する場合（$p=1$）には，自由度は 2 であり，その状態を保ったまま温度と圧力を独立に変化させることができる。固体と液体，固体と気体，あるいは液体と気体が 2 相で共存する（状態図での相境界線上に相当する）場合（$p=2$）には，自由度は 1 であり，その状態を保ったまま温度と圧力のどちらか一方を変化させることができる。換言すると，温度と圧力のどちらか一方を決めれば，他方はある値に定まる。固体，液体，気体が 3 相で共存する場合（$p=3$）には，自由度は 0（ゼロ）であり，その状態を保ったまま，温度や圧力を変化させることはできない。すなわち，状態図の上で，三重点はある一点に定まる。

1.4.5 理 想 溶 液

　一定温度の条件下，溶液（液相）と蒸気（気相）が平衡に共存する系を考える。このとき，溶液に含まれている成分 i の蒸気分圧 P_i は，溶液中に存在するその成分のモル分率 x_i に比例する。すなわち

$$P_i = x_i P_i^0 \qquad (1.103)$$

である。ここで，P_i^0 は成分 i の純粋な液体がその温度で示す蒸気圧である。式 (1.103) の関係を**ラウールの法則**（Raoult law）という。また，ラウールの法則が全組成範囲で成り立つ溶液を**理想溶液**（ideal solution）という。例えば，ベンゼンとトルエンから成る気/液平衡系において，その混合溶液はほぼ理想溶液としての振る舞いをする。

　成分 i の溶液中における化学ポテンシャルを μ_{il}，蒸気中における化学ポテンシャルを μ_{ig} とする。溶液と蒸気が平衡に共存していれば，これらの化学ポテンシャルは等しくなるので

$$\mu_{il} = \mu_{ig} \qquad (1.104)$$

〔memo〕

である。式（1.104）に式（1.71）および式（1.103）を代入すると，μ_{il} は

$$\mu_{il} = \mu_{ig}$$
$$= \mu_{ig}^0 + RT \ln P_i$$
$$= \mu_{ig}^0 + RT \ln x_i P_i^0$$
$$= (\mu_{ig}^0 + RT \ln P_i^0) + RT \ln x_i$$
$$= \mu_{il}^0 + RT \ln x_i \tag{1.105}$$

と求まる。ここで，μ_{il}^0 は $(\mu_{ig}^0 + RT \ln P_i^0)$ で定義される値であり，成分 i の純粋な液体（$x_i = 1$）がその温度で示す化学ポテンシャルに相当する。

1.4.6　2成分系の気/液平衡

揮発性の2成分（$c=2$）が気/液平衡系（$p=2$）を成しているとき，その自由度は2である。すなわち，温度，圧力，組成のうち，二つの変数を決めれば，残り一つの変数はある値に定まる。ここでは一定温度の条件下，圧力と組成の関係を考える。

溶液中に存在する成分1と2のモル分率を x_1, x_2 とする。また，蒸気中に存在する成分1と2のモル分率を y_1, y_2 とする。これら溶液と蒸気は平衡状態を成しているとし，溶液は理想溶液，蒸気は理想気体として振る舞うものとする。このとき，式（1.103）を用いると

$$P_1 = x_1 P_1^0 \tag{1.106}$$
$$P_2 = x_2 P_2^0 = (1 - x_1) P_2^0 \tag{1.107}$$

になる。ここで，P_1 と P_2 は成分1と2の蒸気分圧であり，P_1^0 と P_2^0 は純粋な成分1と2がその温度で示す蒸気圧である。全蒸気圧 P_{total} は P_1 と P_2 の和になるので

$$P_{\text{total}} = P_1 + P_2$$
$$= x_1 P_1^0 + (1 - x_1) P_2^0$$
$$= P_2^0 + x_1 (P_1^0 - P_2^0) \tag{1.108}$$

と表すことができる。また，分圧の法則を用いると，y_1 と y_2 はそれ
ぞれ

$$y_1 = \frac{P_1}{P_{total}} = \frac{x_1 P_1^{0}}{P_2^{0} + x_1(P_1^{0} - P_2^{0})} \tag{1.109}$$

$$y_2 = \frac{P_2}{P_{total}} = \frac{(1-x_1)P_2^{0}}{P_2^{0} + x_1(P_1^{0} - P_2^{0})} \tag{1.110}$$

と求めることができる。蒸気分圧 P_1, P_2 および全蒸気圧 P_{total} を x_2
（溶液中に存在する成分2のモル分率）の関数として表すと，**図1.12**
のようになる。

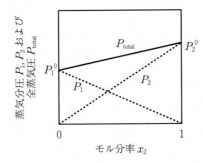

図1.12 蒸気分圧・全蒸気圧とモル分率（溶液中）の関係

　式 (1.106)〜(1.110) を用いると，2成分から成る気/液平衡系の
圧力（P_{total}）と組成（例えば，x_1 と y_1）の関係を図示できる。**図
1.13** はクロロホルムを第1成分，四塩化炭素を第2成分とする気/液
平衡系の状態図である。図中の●は溶液中におけるクロロホルムのモ
ル分率 x_1 を全蒸気圧 P_{total} に対してプロットしたデータであり，これ
らを結んだ直線は**液相線**（liquid-phase line）（溶液の組成を表す相境
界線）と呼ばれる。一方，図中の□は蒸気中におけるクロロホルムの
モル分率 y_1 を全蒸気圧 P_{total} に対してプロットしたデータであり，こ
れらを結んだ曲線は**気相線**（vapor-phase line）（蒸気の組成を表す相
境界線）と呼ばれる。また，液相線よりも上側は一液相領域，気相線
よりも下側は一気相領域であり，これらに挟まれた領域は気/液共存

〔memo〕

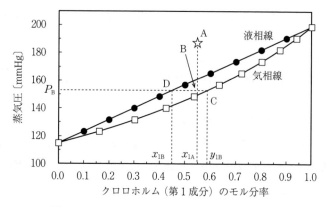

図1.13 クロロホルムと四塩化炭素の気/液状態図

領域である。温度が一定であることに留意すると，一液相ないし一気相領域での自由度は2であり（圧力と組成を自由に動かすことができる），気/液共存領域での自由度は1である（圧力と組成のどちらか一方を規定すれば，他方は自動的に定まる）。

図1.13に再び着目する。点Aの組成にある溶液（第1成分のモル分率はx_{1A}）から，気/液共存系を形成したとする。全蒸気圧がP_Bになったとき，この平衡系を構成している溶液（第1成分のモル分率はx_{1B}）と蒸気（第1成分のモル分率はy_{1B}）の物質量比は

$$\frac{n_l}{n_g} = \frac{y_{1B} - x_{1A}}{x_{1A} - x_{1B}} \tag{1.111}$$

になる（n_lは溶液の全物質量，n_gは蒸気の全物質量である）。すなわち，この物質量比は図1.13中に示した線分比 BC/BD になる。この関係を**てこの規則**（**てこの原理**，**てこの法則**）（lever rule）という。式（1.111）は以下のように証明できる。系に含まれる成分1の全物質量は$x_{1A}(n_l + n_g)$，溶液中の成分1の物質量は$x_{1B}n_l$，蒸気中の成分1の物質量は$y_{1B}n_g$と表すことができる。そこで

$$x_{1A}(n_l + n_g) = x_{1B}n_l + y_{1B}n_g \qquad \text{あるいは}$$

$$(x_{1A} - x_{1B})n_l = (y_{1B} - x_{1A})n_g \tag{1.112}$$

の関係が成り立つので，これを整理すれば式（1.111）になる。

1.5 希薄溶液の性質

本節では，溶媒と溶質から成る希薄溶液の諸性質について解説する。蒸気圧降下，沸点上昇，凝固点降下，浸透圧はいずれも，溶液中の溶媒の化学ポテンシャルが純粋な溶媒のそれよりも低いことに起因しており，統一的な概念として重要である。

1.5.1 ヘンリーの法則

成分 1 を**溶媒**（solvent），成分 2 を**溶質**（solute）とする 2 成分混合系が気/液平衡系を成している状況を考える。これら 2 成分はともに，揮発性の物質であるとする。また，溶液中における成分 2（溶質）のモル分率は成分 1（溶媒）のそれよりも，十分に小さいことを仮定する。気相中と液相中における溶質の化学ポテンシャルは，式（1.71）と式（1.105）にならって

$$\mu_{2g} = \mu_{2g}{}^0 + RT \ln P_2 \qquad (P_2 \text{ は蒸気中における溶質の分圧})$$

$$(1.113)$$

$$\mu_{2l} = \mu_{2l}{}^0 + RT \ln x_2 \qquad (x_2 \text{ は溶液中における溶質のモル分率})$$

$$(1.114)$$

と記述できる。気/液平衡が成り立っていれば，これら化学ポテンシャルは等しくなるので

$$\mu_{2g}{}^0 + RT \ln P_2 = \mu_{2l}{}^0 + RT \ln x_2 \qquad (1.115)$$

$$P_2 = \left\{ \exp\left(\frac{\mu_{2l}{}^0 - \mu_{2g}{}^0}{RT} \right) \right\} x_2 = \kappa_2 x_2 \qquad (1.116)$$

になる。ここで，κ_2 は**ヘンリー係数**（Henry coefficient）とも呼ばれる定数である（温度 T を規定すれば，κ_2 は一定の値に定まる）。式

〔memo〕　(1.116) から，蒸気中における溶質の分圧 P_2 は溶液中における溶質のモル分率 x_2 に比例することがわかる。この関係を**ヘンリーの法則**（Henry law）という。式 (1.116) は右辺と左辺で次元が異なるようにみえるが，溶質の分圧 P_2 が標準状態圧力に対する相対圧であったことを考慮すると，その違和感は解消する。

　式 (1.116) は理想溶液に関する式 (1.103) とよく似ている。理想溶液はラウールの法則が全組成範囲にわたって成り立つ溶液である一方，式 (1.116) は溶質の濃度が十分に希薄である場合に成り立つ。すなわち，対象とする2成分系が理想溶液として振る舞う場合に限り，κ_2 と $P_2{}^0$ は等しくなる。実在の溶液はすべて，溶質の濃度が十分に希薄であれば，溶媒の蒸気分圧はラウールの法則を表す式 (1.103) に，溶質の蒸気分圧はヘンリーの法則を表す式 (1.116) に漸近する（**図 1.14**）。

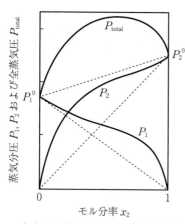
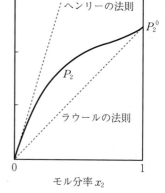

（a）　実在系の蒸気分圧・全蒸気圧
　　　と溶液中のモル分率の関係　　　（b）　実在系のラウールの法則
　　　　　　　　　　　　　　　　　　　　　とヘンリーの法則の関係

図 1.14　実在系の蒸気分圧・全蒸気圧と溶液中のモル分率の関係およびラウールの法則とヘンリーの法則の関係（模式図）

　溶液中における成分1（溶媒）の物質量を n_1，成分2（溶質）の物質量を n_2 とすると，溶液中における溶質のモル分率 x_2 は

〔memo〕

$$x_2 = \frac{n_2}{n_1 + n_2} \approx \frac{n_2}{n_1} = \frac{n_2}{w_1/M_1} = M_1 m_2 \tag{1.117}$$

と表すことができる（希薄近似）。ここで，M_1 は溶媒の分子量，w_1 は溶媒の質量，m_2 は質量モル濃度である。この関係を式 (1.116) に代入すると

$$P_2 = \kappa_2 M_1 m_2 \tag{1.118}$$

になる。すなわち，溶質の濃度が十分に希薄な条件下では，溶質の蒸気分圧 P_2 はその質量モル濃度 m_2 に比例する。

式 (1.116) はさらに

$$x_2 = \frac{1}{\kappa_2} P_2 \tag{1.119}$$

とも表現できる。この式は，希薄溶液条件下における溶質のモル分率は，溶質の蒸気分圧に比例することを示唆している。気体（溶質）の溶解度（溶液中でのモル分率）がその蒸気分圧に比例するという表現も式 (1.119) に基づいている。

1.5.2 蒸気圧降下

一定温度の条件下，成分1（溶媒）の純粋な液体が示す蒸気圧を P_1^0，そこに成分2（溶質）をモル分率 x_2 だけ溶解させたときの蒸気分圧を P_1 とする。溶質の濃度が十分に希薄なとき，溶質の蒸気分圧 P_2 は溶媒のそれに比べて無視できるほど小さくなる。そのため，溶液の蒸気圧（系の全圧）は溶媒の蒸気分圧 P_1 と近似的に等しくなる。そこで，純粋な溶媒の蒸気圧 P_1^0 と溶液の蒸気圧 P_1 の差 ΔP は，ラウールの法則（式 (1.103)）を考慮すると

$$\begin{aligned}
\Delta P &= P_1 - P_1^0 \\
&= x_1 P_1^0 - P_1^0 \\
&= (x_1 - 1) P_1^0 \\
&= -x_2 P_1^0 \tag{1.120}
\end{aligned}$$

〔**memo**〕　になる。ここに式（1.117）を代入すると（希薄近似）

$$\Delta P = -M_1 m_2 P_1^0 \tag{1.121}$$

になる。右辺はつねに負の値になることから，ΔP は負の値になることがわかる。つまり，希薄溶液の蒸気圧は純粋な溶媒の蒸気圧よりも低下する。この現象を**蒸気圧降下**（vapor pressure depression）といい，ΔP の絶対値を**蒸気圧降下度**（depression degree of vapor pressure）という。蒸気圧降下度は質量モル濃度 m_2 に比例し，溶媒種が同じであれば，溶質の種類には依存しない。

1.5.3 沸 点 上 昇

　成分1を溶媒，成分2を溶質とする2成分混合系が気/液平衡系を成している状況を考える。また，溶液中における成分2（溶質）のモル分率は成分1（溶媒）のそれよりも，十分に小さいことを仮定する。気相中と液相中における溶媒（成分1）の化学ポテンシャルは等しくなるので，式（1.71）と式（1.105）にならうと

$$\mu_{1g}^0 + RT\ln P_1 = \mu_{1l}^0 + RT\ln x_1 \tag{1.122}$$

と記述できる。$P_1 = 1$ atm での沸点を考えると

$$\mu_{1g}^0 = \mu_{1l}^0 + RT\ln x_1 \tag{1.123}$$

になる。純粋な溶媒について，液体から気体への相転移に伴って化学ポテンシャルは

$$\Delta\mu = \mu_{1g}^0 - \mu_{1l}^0 = RT\ln x_1 \tag{1.124}$$

だけ変化する。化学ポテンシャルの温度依存性については，ギブス・ヘルムホルツの式（1.125）が成り立つので，ここに式（1.124）を代入すれば，式（1.126）を得る。

$$\left[\frac{\partial(\Delta\mu/T)}{\partial T}\right]_P = -\frac{\Delta\overline{H_t}}{T^2} \quad （\Delta\overline{H_t} はモル蒸発エンタルピー）$$

$$\tag{1.125}$$

$$\left(\frac{\partial \ln x_1}{\partial T}\right)_P = -\frac{\Delta \overline{H_t}}{RT^2} \tag{1.126}$$

　さらに，式 (1.126) を変数分離後，不定積分すると（積分する温度範囲にわたって，$\Delta \overline{H_t}$ は変化しないことを仮定する）

$$\ln x_1 = \frac{\Delta \overline{H_t}}{RT} + C \qquad (C \text{ は積分定数}) \tag{1.127}$$

を得る。$x_1 = 1$，つまり 1 atm における純粋な溶媒の沸点を T_b とすると，積分定数 C は

$$C = -\frac{\Delta \overline{H_t}}{RT_b} \tag{1.128}$$

と求まり，式 (1.127) は

$$\ln x_1 = \frac{\Delta \overline{H_t}}{R}\left(\frac{1}{T} - \frac{1}{T_b}\right) \tag{1.129}$$

になる。式 (1.129) はさらに近似計算可能で

$$\ln x_1 = \frac{\Delta \overline{H_t}}{R}\frac{(T_b - T)}{T \times T_b} \approx \frac{\Delta \overline{H_t}}{RT_b^2} \times (-\Delta T) \tag{1.130}$$

になる。ここで，T と T_b は近い値として $T \times T_b \approx T_b^2$ とし，$\Delta T = T - T_b$ と定義した。ここで得た式 (1.130) を ΔT について整頓すると

$$\Delta T = -\frac{RT_b^2 \ln x_1}{\Delta \overline{H_t}} \tag{1.131}$$

になる。また，テイラー展開[†]と希薄近似（式 (1.117)）を適用すると

$$\ln x_1 = \ln(1 - x_2) \approx -x_2 \approx -M_1 m_2 \tag{1.132}$$

になるので，式 (1.131) は最終的に

$$\Delta T = \frac{RT_b^2 M_1}{\Delta \overline{H_t}} m_2 = K_b m_2 \tag{1.133}$$

[†]　x が 1 よりも十分に小さいとき以下の近似が成り立つ。

$$\begin{cases} \ln(1+x) \fallingdotseq x - \dfrac{1}{2}x^2 + \dfrac{1}{3}x^3 - \cdots \\ \ln(1-x) \fallingdotseq -x - \dfrac{1}{2}x^2 - \dfrac{1}{3}x^3 - \cdots \end{cases}$$

　左辺を右辺の形で表すことをテイラー展開するという。x が十分に小さければ，右辺の高次項は無視できる。

〔memo〕 と変形できる。モル蒸発エンタルピー $\Delta\overline{H_l}$ は正の値であることから，ΔT も正の値になる。つまり，希薄溶液の沸点は純粋な溶媒のそれよりも上昇する。この現象を**沸点上昇**（boiling point elevation）といい，ΔT の値を**沸点上昇度**（elevation degree of boiling point）という。K_b は溶媒の種類に依存する定数であり（1 atm の条件下），**モル沸点上昇**（molar elevation of boiling point）（単位は K·kg/mol）と呼ばれる。沸点上昇度は質量モル濃度 m_2 に比例し，溶媒種が同じであれば，溶質の種類には依存しない。

1.5.4 凝 固 点 降 下

　成分 1 を溶媒，成分 2 を溶質とする 2 成分混合溶液を考える。また，溶液中における成分 2（溶質）のモル分率は成分 1（溶媒）のそれよりも，十分に小さいことを仮定する。溶液の温度を下げていくと，凝固点において成分 1（溶媒）は固体として析出するようになる（**図1.15**）。

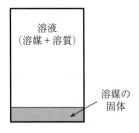

図 1.15 凝固点降下の模式図

　固/液平衡が成り立っている状況下において，溶媒（成分 1）の化学ポテンシャルは液相と固相で等しくなるので

$$\mu_{1l}^0 + RT\ln x_1 = \mu_{1s}^0 \tag{1.134}$$

と記述できる。なお，固相の化学ポテンシャルはその標準化学ポテンシャルに等しい（つまり，固相は純粋な成分で成り立っているとみなされる）。液体から固体への相転移に伴って，純粋な溶媒の化学ポテ

ンシャルは

$$\Delta\mu = \mu_{1s}^0 - \mu_{1l}^0 = RT\ln x_1 \tag{1.135}$$

だけ変化するので，1.5.3項と同様に，ギブス・ヘルムホルツの式
（1.125）を適用すると

$$\left(\frac{\partial \ln x_1}{\partial T}\right)_P = -\frac{\Delta\overline{H_t}}{RT^2} \quad (\Delta\overline{H_t}\text{はモル凝固エンタルピー}) \tag{1.136}$$

になる。さらに，式（1.136）を変数分離後，不定積分すると（積分
する温度範囲にわたって，$\Delta\overline{H_t}$ は変化しないことを仮定する）

$$\ln x_1 = \frac{\Delta\overline{H_t}}{RT} + C \quad (C\text{は積分定数}) \tag{1.137}$$

を得る。$x_1 = 1$，つまり純粋な溶媒の凝固点を T_f とすると，積分定数
C を

$$C = -\frac{\Delta\overline{H_t}}{RT_f} \tag{1.138}$$

と求めることができ，式（1.137）は

$$\ln x_1 = \frac{\Delta\overline{H_t}}{R}\left(\frac{1}{T} - \frac{1}{T_f}\right) = \frac{\Delta\overline{H_t}}{R}\frac{(T_f - T)}{T\times T_f} \approx \frac{\Delta\overline{H_t}}{RT_f^2}\times(-\Delta T) \tag{1.139}$$

になる。ここで，T と T_f は近い値として $T\times T_f \approx T_f^2$ とし，$\Delta T = T - T_f$ と定義した。ここで得た式（1.139）を ΔT について整頓すると

$$\Delta T = -\frac{RT_f^2 \ln x_1}{\Delta\overline{H_t}} \tag{1.140}$$

になる。また，式（1.132）を用いると（希薄近似），式（1.140）は
最終的に

$$\Delta T = \frac{RT_f^2 M_1}{\Delta\overline{H_t}}m_2 = K_f m_2 \tag{1.141}$$

と変形できる。**モル凝固エンタルピー**（molar freezing enthalpy）$\Delta\overline{H_t}$
は負の値であることから，ΔT も負の値となる。つまり，希薄溶液の

〔memo〕凝固点は純粋な溶媒のそれよりも低下する。この現象を**凝固点降下**（freezing point depression）といい，ΔT の絶対値を**凝固点降下度**（depression degree of freezing point）という。K_f は溶媒の種類に依存する定数であり，その絶対値は**モル凝固点降下**（molar depression of freezing point）（単位は K·kg/mol）と呼ばれる。凝固点降下度は質量モル濃度 m_2 に比例し，溶媒種が同じであれば，溶質の種類には依存しない。

1.5.5　浸　　透　　圧

　成分1を溶媒，成分2を溶質とする2成分混合溶液を考える。また，溶液中における成分2（溶質）のモル分率は成分1（溶媒）のそれよりも，十分に小さいことを仮定する。純粋な溶媒（便宜上，液相Ⅰと呼ぶ）と希薄溶液（同じく，液相Ⅱと呼ぶ）が**半透膜**（semipermeable membrane）を介して接しているとする。半透膜とは，水やイオンなど分子量の小さな物質（ここでは，溶媒を意図する）は浸透させるが，コロイド粒子やタンパク質など分子量の大きな物質（ここでは，溶質を意図する）は浸透させない膜である。半透膜を介して，液相Ⅰから液相Ⅱへ溶媒が浸透していき（液相Ⅱの体積が増えることになる），平衡状態に達すると，両液相間には圧力差 π が発生する。この圧力差を**浸透圧**（osmotic pressure）という。**図1.16**は，半透膜を介して純溶媒と希薄溶液をU字管に入れたときの模式図である。

　両液相にかかる外圧を P としたとき，液相Ⅰと液相Ⅱの化学ポテンシャルはそれぞれ，以下のように記述される（式（1.105）参照）。

$$\mu_{\mathrm{I}} = \mu^0(T, P) \tag{1.142}$$

$$\mu_{\mathrm{II}} = \mu^0(T, P+\pi) + RT \ln x_1 \tag{1.143}$$

　平衡状態においては，$\mu_{\mathrm{I}} = \mu_{\mathrm{II}}$ となるので

$$\mu^0(T, P) = \mu^0(T, P+\pi) + RT \ln x_1 \tag{1.144}$$

になる。液相Ⅰから液相Ⅱへの浸透に伴って，純粋な溶媒の化学ポテ

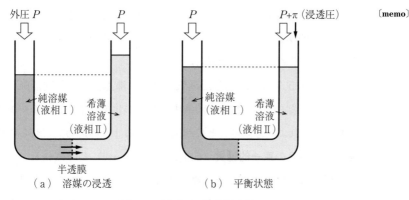

図1.16 浸透圧の模式図

ンシャルは

$$\Delta\mu = \mu^0(T, P+\pi) - \mu^0(T, P) = -RT\ln x_1 \tag{1.145}$$

だけ変化する。一定温度の条件下，化学ポテンシャルの微小な変化量は式（1.85）で表されるので

$$\Delta\mu = -RT\ln x_1 = \int_P^{P+\pi} \overline{V}\,dP = \pi\overline{V} \tag{1.146}$$

になる。ここで，$\overline{V}$ は純粋な溶媒 1 mol 当りの体積であり，圧力に依存せず一定になることを仮定した。さらに

$$\ln x_1 = \ln(1-x_2) \approx -x_2 = -\frac{n_2}{n_1+n_2} \approx -\frac{n_2}{n_1} \tag{1.147}$$

の希薄近似を適用すると（n_1 は溶媒の物質量，n_2 は溶質の物質量であり，$n_1 \gg n_2$），式（1.146）は

$$\pi\overline{V} = \frac{n_2}{n_1}RT \tag{1.148}$$

$$\pi V = n_2 RT \tag{1.149}$$

$$\pi = \frac{n_2}{V}RT = C_2 RT \tag{1.150}$$

と変形できる。ここで，C_2 は（容量）モル濃度である。式（1.149）と式（1.150）は**ファントホッフの式**（van't Hoff equation）と呼ば

〔memo〕

れ，溶液の浸透圧 π が（容量）モル濃度 C_2 に比例することを示している。溶液の浸透圧を測定することにより，溶質の（数平均）分子量を間接的に求めることができる。

　1.5.2〜1.5.5項で解説した蒸気圧降下，沸点上昇，凝固点降下，ならびに浸透圧はいずれも，溶液中の溶媒の化学ポテンシャルが純粋な溶媒のそれよりも低いことに起因している。そのため，これらの性質は希薄溶液の**束一的性質**（colligative property）と呼ばれる。これらの現象は，溶液の質量モル濃度あるいは（容量）モル濃度（つまり，系内に存在する溶質分子の数）に依存し，溶質の種類には依存しないという共通した性質を示す。純溶媒と希薄溶液の状態図（圧力と温度の関係）を**図 1.17** に示す。希薄溶液になることで，蒸気圧は降下（等温で比較），沸点は上昇（等圧で比較），ならびに凝固点は降下（等圧で比較）することが読みとれる。

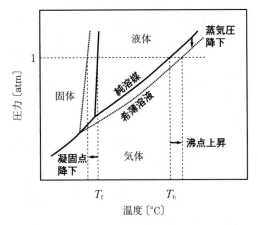

図 1.17　純溶媒と希薄溶液の状態図（概略）

演　習　問　題

【演習 1.1】　「力」の次元を SI 基本単位で表記すると，kg·m·s^{-2} である。「圧力」と「エネルギー」の次元を SI 基本単位でそれぞれ表記しなさい。

【演習 1.2】　ピストンに封入された 1.00 mol の理想気体を 1.00×10^1 dm^3 から 1.00×10^2 dm^3 まで膨張させる過程を考える。以下の各問に答えなさい。なお，内部エネルギーの変化量は理想気体の場合，$\Delta U = n\overline{C_V}\Delta T$ で表される。

補足 1 ：　理想気体の定圧モル熱容量 $\overline{C_P} = (5/2)R = 20.8$ J／(mol·K)
補足 2 ：　理想気体の定容モル熱容量 $\overline{C_V} = (3/2)R = 12.5$ J／(mol·K)

（1）　25.0 ℃一定の条件下，1.00×10^{-1} atm（＝1.01×10^4 Pa）の外圧に抗して系がなされる仕事 w を求めなさい。また，このときの内部エネルギーの変化量 ΔU，および系に与えられる熱量 q を求めなさい。

（2）　25.0 ℃一定の条件下，系がなされる最大の仕事 w を求めなさい。また，このときの内部エネルギーの変化量 ΔU，および系に与えられる熱量 q を求めなさい。

【演習 1.3】　ピストンに封入された 1.00 mol の理想気体を 1.00×10^1 atm（＝1.01×10^6 Pa）から 1.00 atm（＝1.01×10^5 Pa）まで膨張させる過程を考える。以下の各問に答えなさい。なお，理想気体の断熱可逆変化では，PV^γ の値は一定となる（$\gamma = \overline{C_P}/\overline{C_V} = 5/3$）。

（1）　25.0 ℃の状態から急激に（つまり断熱的に）ピストンを膨張させた場合，系が最終的に示す温度 T を求めなさい。また，このときの内部エネルギーの変化量 ΔU，および系がなされる仕事 w を求めなさい。

（2）　25.0 ℃の状態から断熱可逆的にピストンを膨張させた場合，系が最終的に示す温度 T を求めなさい。また，このときの内部エネルギーの変化量 ΔU，および系がなされる仕事 w を求めなさい。

【演習 1.4】　1.00 mol の理想気体を 100 ℃で 1.00 atm（＝1.01×10^5 Pa）から 3.00 atm（＝3.03×10^5 Pa）まで等温可逆的に圧縮した。このときの，エンタルピーの変化量 ΔH，エントロピーの変化量 ΔS，ならびにギブスエネルギーの変化量 ΔG をそれぞれ求めなさい。

【演習 1.5】　式（1.29），（1.32），（1.35）をそれぞれ証明しなさい。

【演習 1.6】 一定温度の条件下で，理想気体の内部エネルギーは体積の変化によらず一定である，つまり $\left(\dfrac{\partial U}{\partial V}\right)_T = 0$ であることを証明しなさい。また，ファンデルワールス（van der Waals）の状態方程式を

$$\left(P + \frac{a}{\bar{V}^2}\right)(\bar{V} - b) = RT$$

と記述するとき，これの $\left(\dfrac{\partial U}{\partial V}\right)_T$ の値を求めなさい。ただし，a と b はファンデルワールス定数であり，$\bar{V}$ はファンデルワールス気体 1 mol 当りの体積である。

【演習 1.7】 一定圧力かつ一定温度の条件下で，2 成分の理想気体が混合する状況を考える。このとき，混合に伴うギブスエネルギーの変化量は，$x_1 = x_2 = 1/2$ のときに極小値となることを証明しなさい。ただし，x_1 と x_2 は各理想気体のモル分率である。また，混合に伴うエントロピーの変化量は，$x_1 = x_2 = 1/2$ のときに極大値となることを証明しなさい。

【演習 1.8】 表 1.7 で示した平衡反応について，モル濃度平衡定数 K_C とモル分率平衡定数 K_x を求めなさい。ただし，各気体成分は理想気体として振る舞うものとする。解答にあたっては，圧平衡定数 K_P との関係がわかるように記しなさい。

【演習 1.9】 気相反応 $H_2 + I_2 \rightleftharpoons 2HI$ の 298 K における圧平衡定数は 8.71×10^2 である。この反応の標準反応エンタルピーは -1.04×10^4 J/mol であり，この値は温度に依存せず一定とする。以下の各問に答えなさい。

（1） この反応の標準反応ギブスエネルギーを求めなさい。

（2） 系の温度が 350 K に上昇したときの圧平衡定数を求めなさい。また，この計算結果をルシャトリエの法則と関連づけて説明しなさい。

【演習 1.10】 気相反応 $PCl_5 \rightleftharpoons PCl_3 + Cl_2$ について考える。全圧 1.00 atm の条件下でこの反応の圧平衡定数を測定したところ，9.50 であった（基準の圧力は 1.00 atm に設定）。以下の各問に答えなさい。

（1） この条件における PCl_5 の解離度（反応物が解離する割合）を求めなさい。

（2） 同じ温度を保ったまま，系の圧力を変化させたところ，PCl_5 の解離度は 0.800 になった。このときの圧力を求めなさい。また，この計算結果をルシャトリエの法則と関連づけて説明しなさい。

【演習 1.11】 水のモル蒸発エンタルピーが 40.7 kJ/mol であるとき，以下の各問に答えなさい。ただし，モル蒸発エンタルピーの値は温度に依存せず，一定とする。

（1）　105 ℃（＝378 K）における水の蒸気圧を求めなさい。

（2）　2.00 atm における水の沸点を求めなさい。

（3）　1.00 atm において，0 ℃（＝273 K）の氷 1.00 mol が 100 ℃（＝373 K）の水蒸気 1.00 mol に変化した。このとき，水のエントロピーはどれだけ変化したか求めなさい。ただし，氷のモル融解エンタルピーは 0 ℃（＝273 K）において 6.01 kJ/mol であり，水の定圧モル熱容量は 75.3 J/(mol·K) である。

【演習 1.12】　以下のそれぞれの系について，自由度を求めなさい。また，どのような変数を独立に動かすことができるか説明しなさい。

（1）　ベンゼンの蒸気，液体，結晶が共存している。

（2）　水に塩化ナトリウムが飽和溶解し，塩化ナトリウムの結晶が沈殿している。

（3）　エタノール水溶液がその蒸気と平衡に共存している。

【演習 1.13】　クロロホルムと四塩化炭素を混合すると，理想気体および理想溶液として振る舞うことを仮定する。クロロホルムと四塩化炭素の物質量比を 3：1 で混合したとき，25.0 ℃ における平衡蒸気中の四塩化炭素のモル分率を求めなさい。ただし，25.0 ℃ における純粋なクロロホルムと四塩化炭素の蒸気圧はそれぞれ 199 mmHg（＝2.65×10⁴ Pa）と 115 mmHg（＝1.53×10⁴ Pa）である。

【演習 1.14】　物質 A と B から成る 2 成分混合系を考える。A と B は液体状態で完全に相互溶解し，一様な溶液を得ることができるものとする。A と B の気/液状態図（一定の大気圧で測定したものとする）を模式図として**問図 1.1** に示す。点 a の状態にある混合物を分留カラムに入れて蒸留した。このときに起こる変化を説明しなさい。

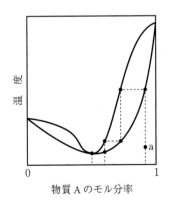

問図 1.1　2 成分混合系の気/液状態図

【演習 1.15】　物質 A と B から成る 2 成分混合系を考える。A と B は液体状態で完全に相互溶解し，一様な溶液を得ることができるものとする。一方，A と B は固体状態でたがいに不溶である。A と B の固/液状態図（一定の大気圧で測定したものとする）を模式図として，**問図 1.2** に示す。以下の各問に答えなさい。

（1）　点 a の状態にある混合物（溶液）をゆっくりと冷却していったときに起こる変化を説明しなさい。

（2）　問（1）の現象について，温度－時間曲線の概略を記しなさい。

（3）　点 a，点 b，点 c における自由度を求め，どのような変数を独立に動かすことができるか説明しなさい。

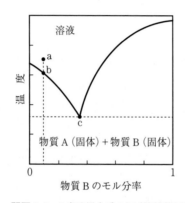

問図 1.2　2 成分混合系の固/液状態図

【演習 1.16】　溶媒を成分 1，溶質を成分 2 とする溶液について考える。固体の溶質がある温度 T で示す溶解度は，近似的に以下の式で表現されることを証明しなさい。ただし，x_2 は溶質の溶液中におけるモル分率，T_f は溶質の凝固点，$\Delta \overline{H}_f$ は溶質のモル融解エンタルピーである。

$$\ln x_2 = -\frac{\Delta \overline{H}_f}{R} \left(\frac{1}{T} - \frac{1}{T_f} \right)$$

【演習 1.17】　混和しない二つの溶媒 A と B が共存し，そこに溶質 i が分配されている系を考える。以下の各問に答えなさい。

（1）　液相 A と B 中における溶質 i のモル分率をそれぞれ x_{iA}，x_{iB} としたとき，x_{iB}/x_{iA} が一定値となることを示しなさい。ただし，溶液はすべて理想溶液として振る舞うことを仮定する。

（2）　溶質 i の濃度が溶媒 A と B のそれに比べてきわめて低いとき，分配係数 p

（$= C_{iB} / C_{iA}$）が一定値になることを示しなさい。ただし，C_{iA} は i の A 中における（容量）モル濃度，C_{iB} は i の B 中における（容量）モル濃度である。

（3）　溶媒 A（V 〔m³〕）に溶質 i が n_0〔mol〕溶解していたとする。ここに溶媒 B を V〔m³〕加えて溶質 i を抽出したときと，溶媒 B を $V/2$〔m³〕ずつ 2 回に分けて抽出したときでは，後者のほうが効果的に溶質 i の抽出が進むことを証明しなさい。ただし，$p \gg 1$ とする。

【演習 1.18】　純粋なベンゼンの凝固点は 5.50 ℃ である。ナフタレン（分子量 128）2.65 g をベンゼン 50.0 g に溶解させた溶液の凝固点を測定したところ，3.40 ℃ となった。また，分子量の不明な物質 A の 5.00 g をベンゼン 50.0 g に溶解させた溶液の凝固点は 2.60 ℃ であった。これらの情報から，物質 A の分子量を求めなさい。

第 2 章
化学平衡論：応用編

〔memo〕

2.1 多成分系の相平衡

本節では，多成分の相平衡について一般論を述べる。ここでは，基質 $A_m(\ )$ と配位子 L_m の特性に着目し，大きく 4 種類に分類している。特に，天然物系に多く存在し，重要である「$A_1(\ )\sim A_m(\ )$ の相互作用がなく独立かつ $L_1\sim L_m$ がそれぞれ同じ配位子」に着目している。

本章では第 1 章の応用編および一般論として，多成分系の相平衡，ヘモグロビン（Hb）を例として生態系の相平衡および解析例などについて述べる。

多成分系の相平衡として，下記のような m 個の反応を含む場合を考える。ここで，$A_i(\ )$：タンパク質，酵素などの反応部位（基質），L_i：反応物（配位子）である。

$$\sum_{i=1}^{m}(A_i(\ )+L_i)\ \longrightarrow\ A_n(L_n)$$

$$A_1(\ )+L_1\ \longrightarrow\ A_2(L_1)$$

$$A_2(\ )+L_2\ \longrightarrow\ A_2(L_2)$$

$$A_3(\ ) + L_3 \longrightarrow A_3(L_3)$$
$$\vdots$$
$$A_{m-2}(\ ) + L_{m-2} \longrightarrow A_{m-2}(L_{m-2})$$
$$A_{m-1}(\ ) + L_{m-1} \longrightarrow A_{m-1}(L_{m-1})$$
$$A_m(\ ) + L_m \longrightarrow A_m(L_m)$$

このとき，つぎの ① ～ ④ の場合に分けて考える。つまり，① L_1 ～ L_m がそれぞれ異なる配位子で，かつ $A_1(\ )$ ～ $A_m(\ )$ の相互作用がなく独立な場合は，複数の反応の羅列であるので一般的な複数の反応として考えればよい。しかしながら，② L_1 ～ L_m がそれぞれ異なる配位子で，$A_1(\ )$ ～ $A_m(\ )$ の相互作用がある場合は，その相互作用の条件を考慮する必要がある。さらに，③ L_1 ～ L_m がそれぞれ同じ配位子で，かつ $A_1(\ )$ ～ $A_m(\ )$ の相互作用がない場合は配位子濃度に留意する必要がある。そして，④ L_1 ～ L_m がそれぞれ同じ配位子で，かつ $A_1(\ )$ ～ $A_m(\ )$ の相互作用がある場合は，配位子濃度，相互作用条件などを考慮する必要がある。

以上を整理すると，**表2.1** のようになる。

表2.1 m 個の反応を含む多成分系の相平衡の分類

	L_1～L_m がそれぞれ異なる配位子	L_1～L_m がそれぞれ同じ配位子
$A_1(\ )$～$A_m(\ )$ の相互作用がなく独立	① 複数の反応の羅列であるので一般的な複数の反応	③ 配位子濃度に留意
$A_1(\ )$～$A_m(\ )$ の相互作用がある	② $A_1(\ )$～$A_m(\ )$ の相互作用の条件を考慮	④ 配位子濃度，相互作用条件などを考慮

特に，③ の場合（L_1 ～ L_m がそれぞれ同じ配位子で，かつ $A_1(\ )$ ～ $A_m(\ )$ の相互作用がない場合）は，つぎのようになる。

〔memo〕

$$\sum_{i=1}^{m} A_i(\ ) + iL \longrightarrow A_m(L_m)$$

$$A_1(\ ) + L \longrightarrow A_1(L)$$

$$A_2(\ ) + L \longrightarrow A_2(L)$$

$$A_3(\ ) + L \longrightarrow A_3(L)$$

$$\vdots$$

$$A_{m-2}(\ ) + L \longrightarrow A_{m-2}(L)$$

$$A_{m-1}(\ ) + L \longrightarrow A_{m-1}(L)$$

$$A_m(\ ) + L \longrightarrow A_m(L)$$

この場合，配位子濃度に留意する必要がある。すなわち，$A_m(\ )$ 濃度と L 濃度は等しいとは限らず，L 濃度は $A_m(\ )$ 濃度の 10^3 倍ほど必要な場合が多い。これは，反応式において L 濃度を $A_m(\ )$ 濃度に対して無視できない条件とするためには，理論的に L 濃度の項を 10^3 倍以上に設定する必要があるからである。

なお，④ $L_1 \sim L_m$ がそれぞれ同じ配位子で，かつ $A_1(\ ) \sim A_m(\ )$ の相互作用がある場合については，現象が複雑で，m 個の反応系を考慮するような系はほとんどない。つぎの 2.2 節で示すヘモグロビン（Hb）に代表される反応系は，$m = 4$ の例である。

2.2 生体系における相平衡—Hb の多段平衡論を中心に—

　本節では，多段平衡における m 個のサブユニットを有する系の一般論を述べ，$m = 1$ および 4 の代表例であるミオグロビン（Mb）およびヘモグロビン（Hb）について詳述する。特に，Hb の多段平衡の解析例として有名なヒルの解析，アデアの解析およびモノー・ワイマン・シャンジュー（MWC）の解析について詳述し，物理化学の三大分野の一つである熱力学的な解析例を説明する。

　ヘモグロビンは生体系において複雑かつ興味深い反応系であるが，酸素分子結合だけを考えてみると，すなわち，単純に酸素結合・解離の平衡反応系のみを取り出して考えてみると，4 段階の多段反応系の一つである。つまり，4 段階の酸素分子の可逆的な結合・解離平衡反応が進行しているので，4 段階の可逆的な平衡反応系の一例として捉えることができる。そこで，この点に焦点を当てて述べていくことにする。

　多段平衡において，m 個のサブユニットを有する系，すなわち m 個の結合・解離点（活性点）に用いると，つぎのように表すことができる。

$$[A_1(\ )A_2(\ )A_3(\ )\cdots A_{m-2}(\ )A_{m-1}(\ )A_m(\ )]+m\mathrm{L}$$
$$\longrightarrow [A_1(\mathrm{L})A_2(\ )A_3(\ )\cdots A_{m-2}(\ )A_{m-1}(\ )A_m(\ )]+(m-1)\mathrm{L}$$
$$[A_1(\mathrm{L})A_2(\ )A_3(\ )\cdots A_{m-2}(\ )A_{m-1}(\ )A_m(\ )]+(m-1)\mathrm{L}$$
$$\longrightarrow [A_1(\mathrm{L})A_2(\mathrm{L})A_3(\ )\cdots A_{m-2}(\ )A_{m-1}(\ )A_m(\ )]+(m-2)\mathrm{L}$$
$$[A_1(\mathrm{L})A_2(\mathrm{L})A_3(\ )\cdots A_{m-2}(\ )A_{m-1}(\ )A_m(\ )]+(m-2)\mathrm{L}$$
$$\longrightarrow [A_1(\mathrm{L})A_2(\mathrm{L})A_3(\mathrm{L})\cdots A_{m-2}(\ )A_{m-1}(\ )A_m(\ )]+(m-3)\mathrm{L}$$
$$\vdots$$
$$[A_1(\mathrm{L})A_2(\mathrm{L})A_3(\mathrm{L})\cdots A_{m-2}(\ )A_{m-1}(\ )A_m(\ )]+3\mathrm{L}$$
$$\longrightarrow [A_1(\mathrm{L})A_2(\mathrm{L})A_3(\mathrm{L})\cdots A_{m-2}(\mathrm{L})A_{m-1}(\ )A_m(\ )]+2\mathrm{L}$$
$$[A_1(\mathrm{L})A_2(\mathrm{L})A_3(\mathrm{L})\cdots A_{m-2}(\mathrm{L})A_{m-1}(\ )A_{m-2}(\ )]+2\mathrm{L}$$
$$\longrightarrow [A_1(\mathrm{L})A_2(\mathrm{L})A_3(\mathrm{L})\cdots A_{m-2}(\mathrm{L})A_{m-1}(\mathrm{L})A_m(\ )]+1\mathrm{L}$$
$$[A_1(\mathrm{L})A_2(\mathrm{L})A_3(\mathrm{L})\cdots A_{m-2}(\mathrm{L})A_{m-1}(\mathrm{L})A_m(\ )]+1\mathrm{L}$$
$$\longrightarrow [A_1(\mathrm{L})A_2(\mathrm{L})A_3(\mathrm{L})\cdots A_{m-2}(\mathrm{L})A_{m-1}(\mathrm{L})A_m(\mathrm{L})]+0\mathrm{L}$$

　ここで，$m=1$ のミオグロビン（Mb）の場合は次式のように考えることができる。ここでは O_2 結合・解離平衡も併せて示すことにする。なお，Mb とは哺乳類の筋肉中に存在する酸素貯蔵タンパク質である。また，K は結合・解離の平衡定数，Y は式（2.3）に示すような結合・解離の 0〜1.0 の飽和度（結合割合）である。

〔memo〕

$$Mb + L \underset{}{\overset{K}{\rightleftharpoons}} Mb\text{-}L \tag{2.1}$$

$$\frac{[Mb\text{-}L]}{[Mb][L]} = K \tag{2.2}$$

$$Y = \frac{(酸素が結合した部位の全数)}{(酸素が結合し得る部位の全数)} \tag{2.3}$$

$$= \frac{[Mb\text{-}L]}{[Mb] + [Mb\text{-}L]} = \frac{K[L]}{1 + K[L]} \tag{2.4}$$

$\Rightarrow$ [L] が低い場合，$Y \approx K[L]$ —— 立ち上がりは直線

$\Rightarrow$ [L] —— ∞ で $Y \approx 1$

　配位子濃度 [L] が低い場合とは，酸素分子をほとんど結合していない場合であり，[L] が ∞ の場合とは酸素がほとんど結合している場合である。

　以下では，2.1 節の ④ の場合である $n = 4$ のヘモグロビン（Hb）への酸素分子（O_2）の結合・解離について考える。これは複雑な現象であり，その解析にはいくつかの方法が考えられている。ここでは，一般的な多段平衡の解析として行われたヒル（Hill）の解析[1]†1，アデア（Adair）の解析[2]，モノー（Monod）・ワイマン（Wyman）・シャンジュー（Changeaux）の解析[3]を例[4],[5]に紹介する。

2.2.1 ヒ ル の 解 析

　Hb など生体分子への物質の結合・解離に関するヒル（Hill）の解析[1]におけるヒルプロットは式（2.9）（実験式）を根拠にしており，式（2.9）中の n をヒル定数と呼ぶ。特に，Hb の酸素結合を考えた場合は，非常に強い Hb 内の四つのサブユニットのヘム間の相互作用があり，特徴的な S 字状の結合・解離曲線†2 を示す。ヒルはこのような

---

†1　肩付き数字は巻末の引用・参考文献の番号を表す。

†2　基質との反応が一般的な直角双曲線の化学反応ではなく，シグモイド形（S 字状）のプロットを与えるもの，すなわち，協同性を持った反応の総称をアロステリックといい，その研究例として**アロステリックモデル**がある。このモデルとしては協奏モデル，逐次モデルなどが提案されている[6]。

観点から，Hb の酸素結合・解離平衡において，分子中の四つの結合 〔memo〕
部位の（正の）相互作用性を示していた。

$$\text{Hb} + 4\text{L} \underset{}{\overset{K}{\rightleftharpoons}} \text{Hb-L}_4 \tag{2.5}$$

$$\frac{[\text{Hb-L}_4]}{[\text{Hb}][\text{L}]^4} = K \tag{2.6}$$

$$Y = \frac{4[\text{Hb-L}_4]}{4\{[\text{Hb}] + [\text{Hb-L}_4]\}} = \frac{K[\text{L}]^4}{1 + K[\text{L}]^4} \tag{2.7}$$

$\Rightarrow$ [L] が低い場合，$Y \approx K[\text{L}]^4$

$\Rightarrow$ [L] $\to \infty$ で $Y \approx 1$

$$\log \frac{Y}{1-Y} = \log K + 4\log[\text{L}] \tag{2.8}$$

$$Y = \frac{K[\text{L}]^n}{1 + K[\text{L}]^n} \tag{2.9}$$

式（2.7）は，L 濃度 [L] が低い場合 $Y \approx K[\text{L}]^4$ に近似し，[L] $\to$ ∞の場合 1 に近づくのである。さらに，式（2.8）では傾きが 4 となる。なお，Hb の傾きの最大値は約 3（2.8）となり，1 より大きいが 4 より小さい。一般の式は式（2.9）であり，傾きは n となる（n をヒル定数という）。一例として，Hb の酸素結合・解離平衡曲線を**図 2.1** に示す。ここでは，二酸化炭素（CO_2）分圧 40 および 60 mmHg （あるいは Torr）の場合を示す。例えば，炎症などの疾患においては，

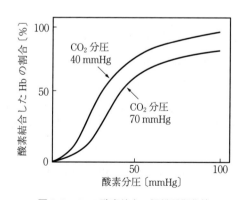

図 2 1 Hb の酸素結合・解離平衡曲線

〔**memo**〕普通の状態よりも酸素が多く供給・使用されるため，CO_2 の分圧（濃度）も上がり，曲線も変化する。

2.2.2 アデアの解析

つぎに，Hb の 4 段階平衡を式 (2.10)〜(2.13) のように，4 段階の各段において解析した例がアデア（Adair）の解析[2]である。前項のヒルの解析では分子種が Hb と Hb-L_4 の 2 種類であったが，4 段階平衡では分子種が Hb，Hb-L，Hb-L_2，Hb-L_3 および Hb-L_4 の 5 種類となり，解析が複雑となる。そこで，飽和度 Y を簡単な式 (2.14) で表さずに，質量作用の法則と結合・解離する結合部位を考慮して，式 (2.18) のように記述する。これにより，詳細な相互作用を考慮した 4 段階平衡を解析できるようになる。特に，K_1〜K_4 の平衡定数がすべて等しい場合は，Mb の酸素結合・解離式に対応する。

$$Hb + L \xrightleftharpoons{K_1} Hb\text{-}L \tag{2.10}$$

$$Hb\text{-}L + L \xrightleftharpoons{K_2} Hb\text{-}L_2 \tag{2.11}$$

$$Hb\text{-}L_2 + L \xrightleftharpoons{K_3} Hb\text{-}L_3 \tag{2.12}$$

$$Hb\text{-}L_3 + L \xrightleftharpoons{K_4} Hb\text{-}L_4 \tag{2.13}$$

$$Y = \frac{1[Hb\text{-}L] + 2[Hb\text{-}L_2] + 3[Hb\text{-}L_3] + 4[Hb\text{-}L_4]}{4([Hb] + [Hb\text{-}L] + [Hb\text{-}L_2] + [Hb\text{-}L_3] + [Hb\text{-}L_4])} \tag{2.14}$$

式 (2.10)〜(2.13) を質量作用の法則で示すと

$$[Hb\text{-}L_i] = K_i[Hb\text{-}L_{i-1}][L] \qquad (i = 1\text{〜}4) \tag{2.15}$$

となる。式 (2.14)，(2.15) より

$$Y = \frac{K_1[L] + 2K_1K_2[L]^2 + 3K_1K_2K_3[L]^3 + 4K_1K_2K_3K_4[L]^4}{4(1 + K_1[L] + K_1K_2[L]^2 + K_1K_2K_3[L]^3 + K_1K_2K_3K_4[L]^4)} \tag{2.16}$$

ここで，$K_1 = K_2 = K_3 = K_4$ とすると，Mb の場合（$m = 1$）の式 (2.4) に対応しない。

⇒ 真の平衡定数 k_1, k_2, k_3, k_4 が存在する。

⇒ 真の平衡定数 $k_1 \sim k_4$ を式 (2.16) の $K_1 \sim K_4$ の関係はつぎの式 (2.17) のようになる。

$$K_1 = 4k_1, \quad K_2 = \frac{3}{2}k_2, \quad K_3 = \frac{2}{3}k_3, \quad K_4 = \frac{1}{4}k_4 \qquad (2.17)$$

式 (2.16), (2.17) より

$$Y = \frac{k_1[\mathrm{L}] + 3k_1k_2[\mathrm{L}]^2 + 3k_1k_2k_3[\mathrm{L}]^3 + k_1k_2k_3k_4[\mathrm{L}]^4}{1 + 4k_1[\mathrm{L}] + 6k_1k_2[\mathrm{L}]^2 + 4k_1k_2k_3[\mathrm{L}]^3 + k_1k_2k_3k_4[\mathrm{L}]^4}$$

$$(2.18)$$

式 (2.18) を用いて Hb の酸素結合・解離平衡曲線から $k_1 \sim k_4$ の定数が求められ，一般に，$k_1 < k_2 < k_3 \ll k_4$ となる。なお，$k_1 = k_2 = k_3 = k_4 = K$ とすると式 (2.19) のとなり，Mb の場合 ($m = 1$) の式 (2.4) と対応する。

$$Y = \frac{K[\mathrm{L}](1 + K[\mathrm{L}])^3}{(1 + K[\mathrm{L}])^4} = \frac{K[\mathrm{L}]}{1 + K[\mathrm{L}]} \qquad (2.19)$$

2.2.3 モノー・ワイマン・シャンジューの解析

ヒルの解析およびアデアの解析においては，Hb の酸素結合・解離平衡曲線，複雑なサブユニット構造変化による酸素結合・解離の調節作用などを説明するまでには至らなかったが，それらを完結した解析がモノー・ワイマン・シャンジュー (Monod-Wyman-Changeaux) の解析[3] である。すなわち，酸素が結合しやすい状態と結合しにくい状態の二つの構造状態（酸素が結合しやすい状態と結合しにくい状態を各々リラックス状態 (relaxed state, R 状態) とテンス状態 (tensed state, T 状態) が存在する場合を考える。R 状態の濃度 [R] と T 状態の濃度 [T] を考慮すると，R ⇌ T の平衡定数は A（アロステリック定数と呼ぶ）となる。さらに，1 個目の配位子および 2 個目の配位子が結合・解離する反応式を，前項のアデアの解析と同じように質量作用の法則と結合・解離する結合部位を考慮すると，式 (2.26)

〔**memo**〕　および式（2.27）として記述できる。これを2量体から4量体に拡張
して考えると，式（2.28）が得られる。この式は Mb の反応にも対応
する。すなわち，モノー・ワイマン・シャンジューの解析はアロステ
リックモデル[6]† を定量的に示しているのである。

　ここで，「R 状態 $\rightleftharpoons$ T 状態」にある2量体モデルを考える。

$$\mathrm{R} \overset{A}{\rightleftharpoons} \mathrm{T}$$

$$\frac{[\mathrm{T}]}{[\mathrm{R}]} = A \tag{2.20}$$

1個目の配位子 L が結合する反応式は

$$\mathrm{R+L} \overset{K}{\rightleftharpoons} \mathrm{R\text{-}L} \qquad \mathrm{L+R} \overset{K}{\rightleftharpoons} \mathrm{L\text{-}R} \tag{2.21}$$

である。質量作用の法則より

$$[\mathrm{R\text{-}L}] = K[\mathrm{R}][\mathrm{L}] \tag{2.22}$$

$$[\mathrm{L\text{-}R}] = K[\mathrm{L}][\mathrm{R}] \tag{2.23}$$

となる。2個目の配位子 L が結合する反応式は

$$\mathrm{L+R\text{-}L} \overset{K}{\rightleftharpoons} \mathrm{L\text{-}R\text{-}L} \tag{2.24}$$

である。質量作用の法則より

$$[\mathrm{L\text{-}R\text{-}L}] = K[\mathrm{L}][\mathrm{R\text{-}L}] = K^2[\mathrm{L}]^2[\mathrm{R}] \tag{2.25}$$

　反応に関与する分子種 T, R, R-L, L-R, L-R-L を考慮して2量体の
飽和度 Y を求めると，式（2.20），（2.22），（2.23），（2.25）より

$$Y = \frac{[\mathrm{R\text{-}L}] + [\mathrm{L\text{-}R}] + 2[\mathrm{L\text{-}R\text{-}L}]}{2([\mathrm{T}] + [\mathrm{R}] + [\mathrm{L\text{-}R}] + [\mathrm{R\text{-}L}] + [\mathrm{L\text{-}R\text{-}L}])}$$

$$= \frac{K[\mathrm{L}](1 + K[\mathrm{L}])}{A + (1 + K[\mathrm{L}])^2} \tag{2.26}$$

となる。さらに $K[\mathrm{L}] = x$ とすると

$$Y = \frac{x(1+x)}{A + (1+x)^2} \tag{2.27}$$

と表せる。これらのことを2量体から4量体に拡張すれば，Hb の場
合は式（2.28）となる。この式の定数は A と K の二つだけであり，

---

†　2.2.1項の脚注を参照。

前項のアデアの解析よりも明りょうである。 〔memo〕

$$Y = \frac{x(1+x)^3}{A+(1+x)^4} \qquad (x = K[\mathrm{L}]) \tag{2.28}$$

⇒　定数は A と K の 2 個

→　アデアの解析の 4 個（$k_1 \sim k_4$）よりも少なくて解析が容易！

⇒　A が極度に大きいと「S 字状特性！」

⇒　$A = 0$ のとき

$$Y = \frac{x}{1+x} = \frac{K[\mathrm{L}]}{1+K[\mathrm{L}]} \quad \to \quad$$ Mb の場合（$m = 1$）の式 (2.4) に対応する。

2.2.4　解析例のまとめ

ヒルの解析，アデアの解析およびモノー・ワイマン・シャンジューの解析をまとめると，つぎのようになる。

ヒルの解析におけるヒルプロットは式 (2.9)（実験式）を根拠にしており，n をヒル定数と呼ぶ。特に，Hb の酸素結合・解離反応を考えた場合は，非常に強い Hb 内のヘムの相互作用があり，このような特徴的な S 字状の結合・解離曲線を示すのである。

つぎに，Hb の 4 段階平衡を式 (2.10)〜(2.13) のように，4 段階の各段において解析した例が Adair の解析である。この場合，4 段階平衡なので分子種が Hb，Hb-L，Hb-L$_2$，Hb-L$_3$ および Hb-L$_4$ の 5 種類となり，複雑となる。飽和度 Y は簡単な式 (2.14) で表せず，質量作用の法則と結合・解離する結合部位を考慮すると，式 (2.18) として記述でき，詳細な相互作用を考慮した 4 段階平衡を解析できる。

最後に，複雑なサブユニット構造変化による酸素結合・解離の調節作用などを，完結した解析がモノー・ワイマン・シャンジューの解析である。すなわち，酸素が結合しやすい状態と結合しにくい状態の二

〔memo〕 つの構造状態（R状態とT状態）に分けて考え，さらに，1個目および2個目の配位子が結合・解離する反応式を前述と同じように質量作用の法則と結合・解離する結合部位を考慮すると，式（2.26）および式（2.27）として記述できる。これを2量体から4量体に拡張して考えると，式（2.28）が得られる。すなわち，モノー・ワイマン・シャンジューの解析はアロステリックモデルを定量的に示している。

2.3 生体系の多段平衡のpH依存性—Hbのボーア効果—

　本節では，生体系の多段平衡の例として，Hbの酸素結合・解離が赤血球内のpHに依存する現象を取り上げる。赤血球内のpHは，血液中の二酸化炭素の濃度に依存することから，Hbの酸素結合・解離は，血液中のその濃度に依存することになる。その結果，二酸化炭素の濃度が高くなるとHbは酸素を解離（放出）しやすくなり，二酸化炭素の濃度が低くなると結合（吸収）しやすくなる。これをボーア効果という。

　血液中の二酸化炭素（CO_2）濃度が高くなると，赤血球（red blood cell, RBC）の代謝活動が活発になり，吸収した二酸化炭素と水の重炭酸イオンとプロトン（H^+）への解離が進んで赤血球内のpHが低下する。赤血球内のプロトンはHbに作用してその酸素（O_2）親和性を下げるため，HbはO_2を放出する。すなわち，**図2.2**に示したHbの酸素結合・解離平衡曲線は，Hbが酸性に傾くと（つまり血液中の二酸化炭素が増えて赤血球内のプロトン濃度が高くなると）酸素結合・解離平衡曲線はO_2分圧の高いほうに移るため，HbはO_2を多く運搬できなくなる（放出する）。一方，Hbがアルカリ性に傾くと（つまり血液中の二酸化炭素が減り，赤血球内のプロトン濃度が下がると）酸素結合・解離平衡曲線はO_2分圧の低いほうに移るため，HbはO_2を多

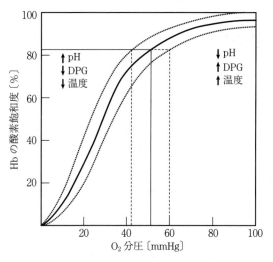

図 2.2 Hb のボーア効果

く運搬できるようになる（吸収する）。このように，血液内の二酸化
炭素量の変化によって赤血球内の pH が変化し，Hb の酸素結合・解
離平衡曲線が移動する。これを**ボーア効果**[7),8)]（Bohr effect）という。
また，酸素結合・解離平衡曲線は，pH の変化だけでなく，温度やジ
ホスグリセリン酸（DPG）濃度（アロステリックエフェクター濃度）
の変化によっても移動する。

　例えば，病気の場合は血液が酸性環境になるので（pH が低下する
ので），曲線が右方向（O_2 分圧の高い方向）へ移行し，肺（O_2 分圧 =
100 mmHg）〜抹梢組織（40 mmHg）間の酸素運搬量が増加するので
ある。

〔memo〕

2.4 熱力学パラメータと化学反応の進む向きの一例

> 本節では，定温，定圧条件下において，溶液から固体表面への溶媒分子の吸着，固体表面から溶液中への分子の溶解，水と氷の間の相転移，脂質に分子膜の相転移，溶液の混合などの反応の進む向きについて，ギブスの自由エネルギー，エンタルピー，エントロピーの観点から考える。

定温，定圧条件下における初期状態 ⟶ 最終状態の過程を考える。ギブスの自由エネルギー，エンタルピーおよびエントロピーをそれぞれ $G_{initial}$, $H_{initial}$, $S_{initial}$ および G_{final}, H_{final}, S_{final} とすると

$$G_{initial} = H_{initial} + TS_{initial} \tag{2.29}$$

$$G_{final} = H_{final} + TS_{final} \tag{2.30}$$

となり

$$\Delta G = G_{final} - G_{initial} = \Delta H - T\Delta S \tag{2.31}$$

$$\Delta H = H_{final} - H_{initial} \tag{2.32}$$

$$\Delta S = S_{final} - S_{initial} \tag{2.33}$$

となる。反応が進行するためには

$$\Delta G \leqq 0 \tag{2.34}$$

$$\therefore \ \Delta H - T\Delta S \leqq 0 \tag{2.35}$$

でなければならない。さらに，ΔH は反応熱と結び付いている。

式（2.35）から，定温（$T =$ 一定）の場合はエンタルピー H が減少する（$\Delta H < 0$）ほど，またエントロピー S が増加する（$\Delta S > 0$）ほど反応は進行することになるが，「$\Delta H < 0$ かつ $\Delta S > 0$」のようにエンタルピー H とエントロピー S が両方とも反応を進行させる傾向に変化することはなく，両者は逆向きの傾向を示す。それぞれの変化

〔memo〕

について，反応を進行させる向きの変化を「得」，その反対を「損」ということがある。一般に，つぎの ① および ② の二つの場合に反応は進行する。

① $\Delta H<0$（発熱反応）かつ $\Delta S<0$ かつ $|\Delta H|>T|\Delta_S|$ の場合，
エンタルピー H の得がエントロピー S の損を上回る場合である。

② $\Delta H>0$（吸熱反応）かつ $\Delta S>0$ かつ $|\Delta H|<T|\Delta S|$ の場合，
エントロピー S の得がエンタルピー H の損を上回る場合である。

これより，つぎの〔1〕～〔5〕のような例[7]がある。

〔1〕 溶液から固体表面への溶媒分子の吸着

溶液から固体表面への溶媒分子の吸着について考えてみる。一般に，溶質分子は吸着しないで，自由にいるほうがエントロピー S 的には有利である。また，溶質分子と固体表面の間には引力が働き，吸着した場合，エネルギーが低下して（発熱反応），エンタルピー H 的には有利である。しかしながら，吸着した場合，束縛されて自由を失うために S 的には不利になる。これは，① の場合に対応し，エンタルピー H の得がエントロピー S の損を上回る場合に吸着が進行する。

〔2〕 固体表面から溶液中への分子の溶解

前述の〔1〕と逆を考えればよく，溶解のためには分子間力に逆らって表面から分子を取り出すエネルギーが必要（吸熱反応）であり，エンタルピー H 的には不利である。しかしながら，溶解することにより束縛が解けて自由さが得られることよりエントロピー S 的には有利である。エントロピー S の得がエンタルピー H の損を上回る場合に溶解が進行する。

〔3〕 水 と 氷

相転移も同様に議論でき，水と氷の間の相転移を考える。水でいる場合のほうが自由に動けるので，エントロピー S 的には有利である。一方，氷でいるほうが分子間の相互作用エネルギーが下がってエンタルピー H 的に有利である。氷点（相転移温度）以下では，氷でいる

〔memo〕 ことによるエンタルピー H の得が，エントロピー S の損を上回るので氷が安定な状態である。氷点以上では，水でいることによるエントロピー S の得がエンタルピー H の損を上回るので水が安定な状態になる。氷点では，エンタルピー H の損＝エントロピー S の得となり，氷と水が共存することになる。

〔4〕 脂質二分子膜

　脂質二分子膜においては，相転移温度以下で固体状態（固相）が安定で，相転移温度以上で液体状態（液相）が安定である。固体状態のほうがエンタルピー H 的に有利であり，液体状態のほうがエントロピー S 的に有利である。氷〜水の相転移と同様に議論できる。

〔5〕 溶　　液

　A分子とB分子が分離して別の相を構成している場合と混合して溶液となっている場合とを比較すると，後者のほうが分子の存在範囲が広いので，混ざり合ったほうがエントロピー S は得である。他方，エンタルピー H については，A-A対とB-B対ができる場合の相互作用エネルギーと2個のA-B対ができる場合のエネルギーを比べる。前者のほうが低ければ溶液を作ることはエンタルピー H 的に不利であり，後者のほうが大きければエンタルピー H 的に有利である。また，理想溶液においては，AおよびBが類似の分子であり，エンタルピー H 的に差がなく，混合のエントロピー S （混合エントロピー）によって溶液が作られるのである。

演　習　問　題

【演習 2.1】　つぎの略号の正式な日本語名を示しなさい。
（1）Mb　　（2）Hb　　（3）Y〔−〕　　（4）Y〔％〕　　（5）p_{50}
（6）$p_{1/2}$　　（7）MWC の解析

【演習 2.2】　多成分の相平衡は 4 種類に分類されるが，その 4 種類の分類を示しなさい。

【演習 2.3】　Hb の酸素結合・解離平衡曲線について，ヒルの解析を示しなさい。

第3章
化学反応速度論：基礎編

〔memo〕

3.1 反応速度とは

　本書のこれまでの議論では，化学平衡，すなわち化学反応が最終的に到達する状態（ギブスの自由エネルギー G が最小となる状態）について検討が行われてきた。一方，平衡状態に到達するために所要する時間，あるいは平衡状態に到達するための反応経路については触れられてこなかった。

　平衡定数 K が大きいほど，すなわち化学平衡が生成物側に大きく寄っているほど生成物の生産には有利であるが，平衡状態に到達するまでに長時間要してしまう場合，効率の良い生産プロセスとは言い難い。一方，K が小さくても，反応速度が大きく，生成物の生成に要する時間が短かければ，生成物を分離する手法が確立されていれば効率の良い生産が可能となる。このように，化学反応において生成物を効率良く得るためには，平衡論，速度論の両面を考慮していくことが重要である。また，速度論を詳しく検討していくことにより，化学反応の機構についても詳細な知見を得ることが可能となる。

　そこで本節ではまず化学反応の反応速度を定義する。そして続くそれ以降の節では，さまざまな化学反応に関する化学反応速度について学習し，さらにその解析から化学反応の機構についても議論していく。

3.1.1　ショ糖の加水分解反応

　1850年にWilhelmyは，ショ糖の加水分解反応に着目して，反応速度を初めて定量的に議論した。ショ糖の加水分解反応は以下の式で表される。

$$C_{12}H_{22}O_{11} + H_2O \longrightarrow C_6H_{12}O_6 + C_6H_{12}O_6 \tag{3.1}$$

ショ糖　　　　　　　グルコース　フルクトース

　Wilhelmyは，この反応におけるショ糖濃度Cの時間変化，すなわち$\dfrac{dC}{dt}$が，以下の式のようにCに比例することを見出した。

$$-\frac{dC}{dt} = k_1 C \tag{3.2}$$

ここで，k_1は**速度定数**（rate constant）であり，温度が一定であればCに無関係な量である。

　式（3.2）で表される微分方程式を変数分離すると

$$\frac{dC}{C} = -k_1 dt \tag{3.3}$$

となる。さらに，この式の両辺を積分すると

$$\ln C = -k_1 t + A \quad （A は積分定数） \tag{3.4}$$

となる。ここで初期条件として，$t=0$のときの濃度（初濃度）を$C = C_0$とすると，$A = \ln C_0$となるので

$$\ln C = -k_1 t + \ln C_0 \tag{3.5}$$

または

$$C = C_0 \exp(-k_1 t) \tag{3.6}$$

と表される。式（3.6）より，加水分解反応におけるショ糖濃度は，指数関数に従って減少していくことがわかる。

3.1.2　反応速度の定義

　化学反応における**反応速度**（reaction rate）は，「反応に関与する物質の濃度（物質量）が単位時間にどれだけ変化するか」で定義され

〔memo〕

る。すなわち，3.1.1 項のショ糖の加水分解反応の議論においては，式 (3.2) の左辺，すなわち，$\dfrac{\mathrm{d}C}{\mathrm{d}t}$ が反応速度に対応する。

これ以外の反応についても考えてみよう。例えば，ある反応が

$$AY + BX \longrightarrow AX + BY \tag{3.7}$$

のような式で表される場合（例：$H_2 + I_2 \longrightarrow 2HI$ など）を考える。

AY の濃度を〔AY〕のように表すと，反応速度はその時間微分，すなわち $\dfrac{\mathrm{d}[AY]}{\mathrm{d}t}$ のように表される。このとき

$$-\frac{\mathrm{d}[AY]}{\mathrm{d}t} = -\frac{\mathrm{d}[BX]}{\mathrm{d}t} = \frac{\mathrm{d}[AX]}{\mathrm{d}t} = \frac{\mathrm{d}[BY]}{\mathrm{d}t} \tag{3.8}$$

という関係になる。つまり，化学反応の速度は，反応にあずかる物質のうち一つを考えればよく，他の物質の反応速度はそれをもとに求めることができる。したがって，通常はより定量しやすい物質の濃度の時間変化を追跡することにより，反応速度を議論することが多い。

3.2 反応速度式と反応次数

前項では，反応速度の概念，ならびに反応速度定数について，ショ糖の加水分解反応を例として概説した。本項ではまず，反応速度式の一般的な立て方，ならびに反応の次数について説明する。また，注目している化学反応がいくつかの素反応から構成されていること，さらには素反応のうち最も遅い反応が，反応全体の速度を決める律速過程になることについて理解することを目的とする。

3.2.1 反応速度式の概念と定義

式 (3.8) の反応は，**図 3.1** のように進行する。

このとき，反応速度 v は，AY と BX の衝突する頻度に支配される。したがって，反応速度式は次式のように書ける。

```
A − Y          A − Y          A   Y
    +    ⟶     |   |    ⟶     |  +  |
B − X          B − X          B   X
            接近・衝突        交換
```

〔memo〕

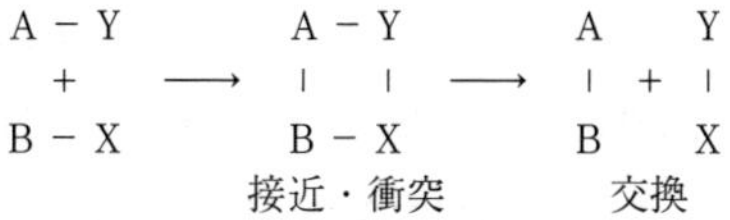

図 3.1　式 (3.8) の反応の進行

$$v = -\frac{\mathrm{d}[\mathrm{AY}]}{\mathrm{d}t} = k[\mathrm{AY}][\mathrm{BX}] \tag{3.9}$$

ここで，k は濃度に無関係な比例定数であり，**反応速度定数**（reaction rate constant）と呼ばれる（温度一定であれば定数である）。

反応速度 v はつねに正の値をとるので，濃度変化が負の値の場合，すなわち反応によって減少する物質の場合は，$-\dfrac{\mathrm{d}[\mathrm{AY}]}{\mathrm{d}t}$ のように微分記号の前にマイナスを付けて表すことになる。

また，反応式における各物質の係数が 1 でない場合は以下のように考える。反応式を

$$n_\mathrm{A}\mathrm{A} + n_\mathrm{B}\mathrm{B} + \cdots \;\longrightarrow\; n_\mathrm{C}\mathrm{C} + n_\mathrm{D}\mathrm{D} + \cdots \tag{3.10}$$

とすると，各成分の濃度を C_n として

$$-\frac{1}{n_\mathrm{A}}\frac{\mathrm{d}C_\mathrm{A}}{\mathrm{d}t} = -\frac{1}{n_\mathrm{B}}\frac{\mathrm{d}C_\mathrm{B}}{\mathrm{d}t} = \frac{1}{n_\mathrm{C}}\frac{\mathrm{d}C_\mathrm{C}}{\mathrm{d}t} = \frac{1}{n_\mathrm{D}}\frac{\mathrm{d}C_\mathrm{D}}{\mathrm{d}t} \tag{3.11}$$

のように表すことができる。

3.2.2　反　応　次　数

ある化学反応について，反応速度を実測した結果，以下のような式で表されたとする。

$$v = -\frac{\mathrm{d}C}{\mathrm{d}t} = kC_1{}^{n_1} C_2{}^{n_2} C_3{}^{n_3} \cdots \tag{3.12}$$

この関係式を，**動的な質量作用の法則**（law of kinetic mass action）と呼ぶ。ここで，k は反応速度定数（温度一定であれば，各成分の C によらず一定），n_1 を化学種 1 の**反応次数**（order of reaction）と呼ぶ。また

$$n = n_1 + n_2 + n_3 + \cdots \tag{3.13}$$

〔memo〕で得られる n，すなわち濃度のべき指数の和を**反応の全次数**（total order of reaction）と呼ぶ。全次数が 1 の場合は**一次反応**（first order reaction），全次数が 2 の場合は**二次反応**（second order reaction）と呼ぶ。

反応次数は，実験結果をもとに式（3.12）に当てはめて得られるものであり，化学反応式だけからは判断できない場合があることに注意が必要である。反応によっては，整数でない次数の化学反応も存在する。

3.2.3 反応速度と反応機構

注目している化学反応がいくつかの**素反応**（elementary reaction）から構成されている場合，素反応を考えることにより，化学反応の機構について知見を得ることができる。

全反応　A ⟶ F
素反応　A ⟶ B
　　　　B ⟶ C
　　　　　⋮
　　　　E ⟶ F

素反応の中で，他の反応に比べて顕著に速度が小さい反応がある場合，その最も遅い素反応の速度が，全反応の速度を決定するということができる。この反応全体の速度を規定する素反応のことを，**律速反応**（rate determining reaction），あるいは**律速過程**（rate determining process）と呼ぶ。

以下では具体的な反応について議論してみよう。例として，オゾンの分解反応について考える。

$$2O_3 \longrightarrow 3O_2 \tag{3.14}$$

結論から述べると，この反応の速度式は

〔memo〕

$$-\frac{\mathrm{d}[O_3]}{\mathrm{d}t} = k_a \frac{[O_3]^2}{O_2} \tag{3.15}$$

と表される（一次反応や二次反応とはならない）。

　このことを以下で証明してみよう。 この反応の素反応は以下のように記述される。

$$O_3 \underset{k_{-1}}{\overset{k_1}{\rightleftharpoons}} O_2 + O \tag{3.16}$$

（遅い反応（律速過程））　$O + O_3 \xrightarrow{k_2} 2O_2 \tag{3.17}$

式 (3.16) において

　　正反応の反応速度 $= k_1 \times [O_3]$

　　逆反応の反応速度 $= k_{-1} \times [O_2][O]$

と表される。平衡が成り立っているとき

$$k_1 \times [O_3] = k_{-1} \times [O_2][O] \tag{3.18}$$

となる。したがって

$$[O] = \frac{k_1 \times [O_3]}{k_{-1} \times [O_2]} \tag{3.19}$$

と求まる。O_3 の分解速度は，式 (3.17) で表される反応が律速過程なので

$$-\frac{\mathrm{d}[O_3]}{\mathrm{d}t} = k_2[O][O_3] = k_2 \frac{k_1 \times [O_3]^2}{k_{-1} \times [O_2]} = k_a \frac{[O_3]^2}{O_2} \tag{3.20}$$

と求められる。ただし，$k_a = k_2 \dfrac{k_1}{k_{-1}}$ である。

3.2.4　反応速度定数とその単位

　反応速度定数の単位（次元）は，つねに同一ではなく，反応の種類（次数）によって異なる。3.2.2項で検討した式

$$v = -\frac{\mathrm{d}C}{\mathrm{d}t} = kC_1{}^{n_1} C_2{}^{n_2} C_3{}^{n_3} \cdots \tag{3.12}（再掲）$$

において，濃度の単位が $\mathrm{mol \cdot L^{-1}}$，時間の単位が s である場合，反応速度定数 k およびその単位は**表 3.1** のようになる。

表 3.1　各種反応における反応速度式と反応速度定数の単位

次　数	反応式の例	速度式	反応速度定数 k の単位
1 次反応	A $\longrightarrow$ B	$-\dfrac{\mathrm{d}C_A}{\mathrm{d}t} = kC_A$	s^{-1}
2 次反応	2A $\longrightarrow$ B	$-\dfrac{\mathrm{d}C_A}{\mathrm{d}t} = kC_A^{\,2}$	$\mathrm{L \cdot mol^{-1} \cdot s^{-1}}$
n 次反応	nA $\longrightarrow$ B	$-\dfrac{\mathrm{d}C_A}{\mathrm{d}t} = kC_A^{\,n}$	$\mathrm{L^{n-1} \cdot mol^{1-n} \cdot s^{-1}}$

3.3　種々の次数の化学反応の反応速度

　本節では，3.2 節で説明した考え方をもとに，さまざまな次数の反応の反応速度ならびに反応速度定数について述べる。さらに，それぞれの反応における反応速度定数の導出方法や，半減期などの考え方についても議論する。

3.3.1　n 次 反 応

　以下のような単純な n 次反応

　　nA $\longrightarrow$ P（生成物）

について考えよう。反応速度式は次式のように表される。

$$-\frac{\mathrm{d}C_A}{\mathrm{d}t} = k_n C_A^{\,n} \tag{3.21}$$

　この微分方程式を以下の初期条件のもとで解く。

　初濃度（$t=0$）を $C_A^0 = a$，任意の時間における反応量を x とすると，任意の時間において $C_A = a - x$ となる。このとき

$$-\frac{\mathrm{d}(a-x)}{\mathrm{d}t} = \frac{\mathrm{d}x}{\mathrm{d}t} = k_n(a-x)^n \tag{3.22}$$

となる。これを変数分離してから両辺を積分すると

$$\int_0^x \frac{\mathrm{d}x}{(a-x)^n} = k_n \int_0^t \mathrm{d}t \tag{3.23}$$

$$\frac{1}{(n-1)}\left\{\frac{1}{(a-x)^{n-1}} - \frac{1}{a^{n-1}}\right\} = k_n t \qquad (n \neq 1) \tag{3.24}$$

となる。一次反応以外の場合は，このような形で微分方程式を解くことができる。

3.3.2　一　次　反　応

以下のような分解反応（一次反応）について考えよう。

$$\text{A} \longrightarrow \text{B} \tag{3.25}$$

この反応の反応速度式（微分方程式）は次式のように表される。

$$-\frac{\mathrm{d}C_A}{\mathrm{d}t} = k_1 C_A \tag{3.26}$$

3.3.1 項と同様に初期条件を置くと，この式は以下のように変形される。

$$-\frac{\mathrm{d}(a-x)}{\mathrm{d}t} = \frac{\mathrm{d}x}{\mathrm{d}t} = k_1(a-x) \tag{3.27}$$

変数分離後，両辺を積分して

$$\int_0^x \frac{\mathrm{d}x}{a-x} = k_1 \int_0^t \mathrm{d}t \tag{3.28}$$

$$-\ln(a-x) + \ln a = k_1 t \tag{3.29}$$

または

$$\ln(a-x) = \ln C_A = -k_1 t + \ln C_A{}^0 = -k_1 t + D \qquad (D：積分定数) \tag{3.30}$$

を得る。

したがって，この形の一次反応の場合，A の濃度の対数と時間の間には一次の関係があり，そのグラフの傾きから反応速度定数 k_1 が求められる。

また式（3.29）は，指数表記では

$$C_A = C_A{}^0 \exp(-k_1 t) \tag{3.31}$$

と表すことができる。

　　　以上の議論より，注目している反応が一次反応であるかどうかは，反応物質の濃度の対数を反応時間に対してプロットしたときにグラフは直線になるかどうかで判別でき，直線になった場合は，その傾きから反応速度定数 k_1 を算出することができる。

3.3.3　半　　減　　期

　化学反応において，反応物質（この例では A）の濃度が半分に減少するまでに要する時間を**半減期**（half-life）という。3.3.2項で述べた一次反応の場合，その半減期は式（3.29）または式（3.30）から次式のように計算される。

$$t_{1/2} = \tau = \frac{\ln 2}{k_1} \tag{3.32}$$

　式（3.32）より，一次反応の半減期は，反応物質の初濃度に無関係であることがわかる。また，半減期の測定からも，反応速度定数 k_1 を算出できることがわかる。

3.3.4　二　次　反　応

〔1〕　2A ⟶ B の形の二次反応

この場合，反応速度式は次式のように表される。

$$-\frac{dC_A}{dt} = k_2 C_A^2 \tag{3.33}$$

この微分方程式を以下の初期条件のもとで解く。

　初濃度（$t=0$）を $C_A^0 = a$，任意の時間における反応量を x とすると，任意の時間において $C_A = a - x$ となる。このとき式（3.33）は次式のように変形される。

$$-\frac{d(a-x)}{dt} = \frac{dx}{dt} = k_2(a-x)^2 \tag{3.34}$$

変数分離した後に両辺を積分して

$$\int_0^x \frac{dx}{(a-x)^2} = k_2 \int_0^t dt \tag{3.35}$$

$$\frac{1}{a-x} - \frac{1}{a} = k_2 t \tag{3.36}$$

以上より

$$\frac{1}{a-x} = k_2 t + \frac{1}{a} \tag{3.37}$$

または

$$\frac{1}{C_A} = k_2 t + \frac{1}{C_A{}^0} \tag{3.38}$$

となる。よって，この形の二次反応の場合，濃度の逆数と時間の関係が直線となり，その傾きから反応速度定数を求めることができる。

また，半減期は

$$t_{1/2} = \tau = \frac{1}{k^2} \frac{1}{a} \tag{3.39}$$

となり，初濃度 a に依存して変化する。

〔2〕 **A＋B ⟶ C＋D の形の二次反応**

この場合，反応速度式は次式のように表される。

$$-\frac{dC_A}{dt} = k_2 C_A C_B \tag{3.40}$$

この微分方程式を以下の初期条件のもとで解く。

初濃度 $(t=0)$ $C_A{}^0 = a$，$C_B{}^0 = b$，任意の時間における反応量 x，とすると，$C_A = a - x$，$C_B = b - x$ と表される。このとき，式 (3.40) は

$$-\frac{dx}{dt} = k_2 (a-x)(b-x) \tag{3.41}$$

となり，この微分方程式を解くと

$$k_2 t = \frac{1}{a-b} \ln \frac{b(a-x)}{a(b-x)} \tag{3.42}$$

または

$$k_2 t = \frac{1}{C_A{}^0 - C_B{}^0} \ln \frac{C_B{}^0 C_A}{C_A{}^0 C_B} \tag{3.43}$$

と表すことができる（章末の【演習 3.1】を参照）。

〔memo〕

3.4 いろいろな反応

> 本節では，可逆反応，逐次反応といった複数の反応から構成される反応の反応速度について議論する。その際，複雑な反応を理解するために有益な近似方法である，定常状態近似の考え方についても学ぶ。さらに，定常状態近似の考え方を適用することにより，酵素反応などのより複雑な反応の反応速度についても理解しよう。

3.4.1 可 逆 反 応

以下のような**可逆反応**（equiribrium reaction）（**平衡反応**（reversible reaction））を考えよう。

$$A \underset{k_{-1}}{\overset{k_1}{\rightleftarrows}} B$$

Aの減少速度は次式のように表される。

$$-\frac{dC_A}{dt} = k_1 C_A - k_{-1} C_B \tag{3.44}$$

$t=0$のとき，$C_A = C_A{}^0$，$C_B = 0$とすれば，つねに，$C_A + C_B = C_A{}^0$となる。したがって

$$-\frac{dC_A}{dt} = k_1 C_A - k_{-1}(C_A{}^0 - C_A)$$

$$= (k_1 + k_{-1}) C_A - k_{-1} C_A{}^0 \tag{3.45}$$

この変数分離型の1階微分方程式を解くと（解法は他書[1]に譲る）

$$C_A = \frac{k_1}{k_1 + k_{-1}} C_A{}^0 \exp\{-(k_1 + k_{-1})t\} + \frac{k_{-1}}{k_1 + k_{-1}} C_A{}^0 \tag{3.46}$$

となる。すなわち，C_Aは反応とともに減少し，最終的に$\dfrac{k_{-1}}{k_1 + k_{-1}} C_A{}^0$に近づいていく（**図3.2**）。

また，平衡状態でのAとBの濃度を$C_A{}^\infty$，$C_B{}^\infty$とすると

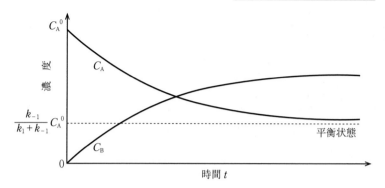

図 3.2 可逆反応（平衡反応）

$$C_A^\infty = \frac{k_{-1}}{k_1 + k_{-1}} C_A^0 \tag{3.47}$$

$$C_B^\infty = C_A^0 - C_A^\infty = \frac{k_1}{k_1 + k_{-1}} C_A^0 \tag{3.48}$$

となる。したがって，平衡定数 K は

$$K = \frac{C_B^\infty}{C_A^\infty} = \frac{k_1}{k_{-1}} \tag{3.49}$$

と表される。すなわち，平衡定数は正逆反応の速度定数の比と等しい
ことがわかる。

3.4.2 逐 次 反 応

以下のように段階的に進む反応を**逐次反応**（sequential reaction）
と呼ぶ。

$$A \xrightarrow{k_1} B \xrightarrow{k_2} C \tag{3.50}$$

A, B, C それぞれに対する速度式は以下のような微分方程式で表さ
れる。

$$-\frac{dC_A}{dt} = k_1 C_A \tag{3.51}$$

$$\frac{dC_B}{dt} = k_1 C_A - k_2 C_B \tag{3.52}$$

〔memo〕

$$\frac{\mathrm{d}C_C}{\mathrm{d}t} = k_2 C_B \tag{3.53}$$

これらの微分方程式について考えていこう。

A に関しては（式 (3.51)），一次反応と同様であることから

$$C_A = C_A^0 \exp(-k_1 t) \tag{3.54}$$

一方，B に関しては，式 (3.54) より

$$\frac{\mathrm{d}C_B}{\mathrm{d}t} + k_2 C_B = k_1 C_A = k_1 C_A^0 \exp(-k_1 t) \tag{3.55}$$

と書ける。

この微分方程式を，$t=0$ のとき $C_B=0$ の条件のもとに解く。解法は他書[1] に譲るが，以下の式が導かれる。

$$C_B = C_A^0 \frac{k_1}{k_1-k_2} \{\exp(-k_1 t) - \exp(-k_2 t)\} \tag{3.56}$$

また

$$C_A + C_B + C_C = C_A^0 \tag{3.57}$$

がつねに成り立つので

$$C_C = C_A^0 \left\{1 + \frac{k_1}{k_2-k_1}\exp(-k_2 t) - \frac{k_2}{k_2-k_1}\exp(-k_1 t)\right\} \tag{3.58}$$

となる。この式をグラフで表すと**図 3.3**のようになる。

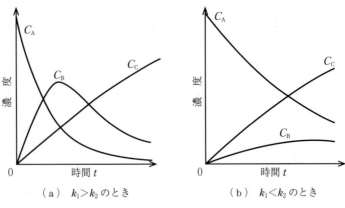

（a） $k_1 > k_2$ のとき　　　　（b） $k_1 < k_2$ のとき

図 3.3 逐 次 反 応

〔memo〕

一方，C_C の生成速度は以下のように求められる。

$$\frac{dC_C}{dt} = C_A{}^0 \frac{k_1 k_2}{k_2 - k_1} \{\exp(-k_1 t) - \exp(-k_2 t)\} \tag{3.59}$$

ここで，二つの場合を考える。

① $k_1 \gg k_2$ の場合

$$\frac{dC_C}{dt} = k_2 C_B \approx -k_2 C_A{}^0 \{-\exp(-k_2 t)\} = k_2 C_A{}^0 \exp(-k_2 t) \tag{3.60}$$

すなわち，C_C の生成速度は近似的に B ⟶ C となる一次反応の反応速度と同様の関数で表される。

② $k_1 \ll k_2$ の場合

$$\frac{dC_C}{dt} \approx k_1 C_A{}^0 \exp(-k_1 t) = k_1 C_A{}^0 \exp(-k_1 t) \tag{3.61}$$

すなわち，C_C の生成速度は近似的に A ⟶ B の一次反応速度と同様の式で表される。

以上の議論より多段階反応では，最終生成物の生成速度は最も遅い素反応の速度に支配されることがわかる。したがって，この反応の律速段階は，$k_1 \gg k_2$ の場合は B ⟶ C となる一次反応，$k_1 \ll k_2$ の場合は A ⟶ B となる。

3.4.3　定常状態近似とその適用

〔1〕　定常状態近似

3.4.2項で述べてきたような逐次反応で生じる反応中間体について，通常中間体は不安定なので，$k_1 \ll k_2$ であることが多い。このとき，中間体 B が生じると，ただちに分解して C，すなわち生成物が生じる。このときの状態は次式のように表すことができる。

$$\frac{dC_B}{dt} = 0 \tag{3.62}$$

このような近似ができる状態を，**定常状態近似**（steady state approximation）という。このとき

〔memo〕

$$\frac{dC_B}{dt} = k_1 C_A - k_2 C_B = 0 \qquad (3.63)$$

となるので

$$\frac{dC_C}{dt} = k_2 C_B = k_1 C_A \qquad (3.64)$$

となる。これは，3.4.2項で速度式に対して微分方程式を解いた後に，$k_1 \ll k_2$ の近似を行なった場合の結果（式（3.61））と同じになっており，定常状態近似を行うことの妥当性を示す結果となっている。

〔2〕 **定常状態近似の適用例1**

別の反応についても，定常状態近似を適用してみることにする。

$$A + B \underset{k_{-1}}{\overset{k_1}{\rightleftharpoons}} C \xrightarrow{k_2} D \qquad (3.65)$$

AとBから可逆的に生成する中間体Cを経て，最終生成物Dができる反応である。それぞれの種に対する速度式は以下のようになる。

$$\frac{dC_A}{dt} = \frac{dC_B}{dt} = -k_1 C_A C_B + k_{-1} C_C \qquad (3.66)$$

$$\frac{dC_C}{dt} = k_1 C_A C_B - (k_{-1} + k_2) C_C \qquad (3.67)$$

$$\frac{dC_D}{dt} = k_2 C_C \qquad (3.68)$$

ここで，反応中間体であるCが定常状態にあるならば，つぎの関係が成り立つ。

$$\frac{dC_C}{dt} = 0 \qquad (3.69)$$

したがって

$$C_C = \frac{k_1}{k_{-1} + k_2} C_A C_B \qquad (3.70)$$

また

$$\frac{dC_D}{dt} = \frac{k_1 k_2}{k_{-1} + k_2} C_A C_B \qquad (3.71)$$

と表され，よってこの反応は，C_A と C_B の衝突で支配される二次反応

〔memo〕

とみなすことができる。

　この形の反応では，中間体が生成物に変わる速度より，反応物に戻る速度のほうが著しく大きい，すなわち $k_{-1} \gg k_2$ の場合が多い。このとき，式 (3.71) の分母の k_2 は無視できることになり，$\dfrac{k_1}{k_{-1}}$ は

$$A + B \underset{k_{-1}}{\overset{k_1}{\rightleftharpoons}} C \tag{3.65}$$

の反応の平衡定数 K と等しいから

$$\frac{\mathrm{d}C_D}{\mathrm{d}t} = k_2 K C_A C_B \tag{3.72}$$

となる。すなわち，この場合の二次速度定数の中身は，反応の第1段階の平衡定数と第2段階の速度定数が組み合わさったものとなる。多段階反応で，最初の段階における中間体と反応物との間の平衡を**前駆平衡**（pre-equilibrium）と呼ぶ。

〔3〕　**定常状態近似の適用例2**

　さらに，実際の反応として，NO の酸化反応を例として定常状態近似を考えてみよう。

$$2NO + O_2 \longrightarrow 2NO_2 \tag{3.73}$$

　結論から述べると，この反応は速度式が以下で表される三次反応とみなすことができる。

$$\frac{\mathrm{d}[NO_2]}{\mathrm{d}t} = k_2 [NO]^2 [O_2] \tag{3.74}$$

　この反応が1段階で進行するためには，3個の分子が一度に衝突することが必要であるが，確率的にほとんど起こらない。また，この反応の速度は，温度上昇とともに小さくなるという通常の反応とは別の挙動を示す。この反応の素反応は，以下のように記述される。

$$NO + NO \overset{K}{\rightleftharpoons} N_2O_2 \tag{3.75}$$

$$N_2O_2 + O_2 \overset{k_2}{\longrightarrow} 2NO_2 \tag{3.76}$$

　これらの反応において，N_2O_2 と O_2 の反応速度が，N_2O_2 が二つの

NO に分解する速度に比べて十分小さいとき，中間体 N_2O_2 に対して定常状態近似を適用すれば

$$\frac{d[NO_2]}{dt} = k_2[N_2O_2][O_2] = k_2 K[NO]^2[O_2] \tag{3.77}$$

このことから，全体の反応次数は３次とみなすことができ，また実験的に得られる速度定数は，$k = k_2 K$ となる。

NO の二量化反応は発熱反応であるため，温度の上昇とともに平衡定数 K は小さくなる。また，K の温度上昇による減少の仕方が k_2 の温度上昇による増大の寄与を上回るために，全体の反応速度定数 k は温度上昇とともに小さくなる。

3.4.4 酵　素　反　応

本項では，**酵素反応**（enzymic reaction）の反応速度を，定常状態近似を利用して検討してみよう。ミカエリス（Michaelis）とメンテン（Menten）らは酵素反応の素反応を以下のように記述した。

$$E + S \underset{k_{-1}}{\overset{k_1}{\rightleftarrows}} ES \xrightarrow{k_2} E + P \tag{3.78}$$

ここで，E は**酵素**（enzyme），S は**基質**（substance），P は**生成物**（product）を表しており，ES は酵素に基質が結合した複合体を示している。ここで P の生成速度は

$$\frac{d[P]}{dt} = k_2[ES] \tag{3.79}$$

と表すことができる。

一方，複合体 ES に対する速度式は

$$\frac{d[ES]}{dt} = k_1[E][S] - k_{-1}[ES] - k_2[ES] \tag{3.80}$$

と表されるから，ES に定常状態近似を適用すれば

$$[ES] = \frac{k_1[E][S]}{k_{-1} + k_2} \tag{3.81}$$

となる。ここで，[E] ならびに [S] は，それぞれ複合体を形成して　〔memo〕
いない遊離酵素ならびに遊離基質の濃度であり，系に投与した酵素，
基質の濃度ではないことに注意が必要である。

　また，酵素の全濃度を [E]$_0$ とすると

$$[E] + [ES] = [E]_0 \tag{3.82}$$

がつねに成り立つので，式 (3.81) に代入して

$$[ES] = \frac{k_1([E]_0 - [ES])[S]}{k_{-1} + k_2} \tag{3.83}$$

を得る。これを [ES] について解くと

$$[ES] = \frac{k_1[E]_0[S]}{k_{-1} + k_2 + k_1[S]} \tag{3.84}$$

となる。したがって

$$\frac{d[P]}{dt} = k_2[ES] = \frac{k_1 k_2[E]_0[S]}{k_{-1} + k_2 + k_1[S]} = \frac{k_2[E]_0[S]}{\dfrac{k_{-1} + k_2}{k_1} + [S]}$$

$$= \frac{k_2[E]_0[S]}{K_m + [S]} \tag{3.85}$$

である。ここで

$$K_m = \frac{k_{-1} + k_2}{k_1} \tag{3.86}$$

である。

　式 (3.85) は，**ミカエリス・メンテンの式**（Michaelis–Menten
equation）と呼ばれ，また K_m は**ミカエリス定数**（Michaelis constant）
と呼ばれる。

　この式によれば，酵素反応の速度は加えた酵素の濃度に比例し，基
質の濃度にも依存する（ただし，酵素の濃度は基質の濃度よりも十分
小さい）。一般に，酵素反応では，$k_{-1} \gg k_2$ の場合が多い。この場合，
$K_m \approx \dfrac{k_{-1}}{k_1}$ となり，平衡定数 K の逆数に近似される。以上の議論より，
優れた酵素とは，複合体（この例では [ES]）を効率良く生成し，そ

〔**memo**〕 の会合体が効率良く分解して生成物（P）を与えるもの，すなわち，小さな K_m と大きな k_2 を与えるものということができる。

　つぎに，実験的に，ミカエリス定数を求める方法について考えよう。式（3.85）の逆数をとって整理すると

$$\frac{1}{\dfrac{d[P]}{dt}} = \frac{K_m + [S]}{k_2[E]_0[S]} = \frac{1}{k_2[E]_0} + \frac{K_m}{k_2[E]_0}\frac{1}{[S]} \tag{3.87}$$

となる。したがって，「生成物の生成速度の逆数」と「基質濃度の逆数」が直線関係になる（**ラインウィーバー・バークプロット**（Lineweaver-Burk plot））。このとき，直線の傾きが $\dfrac{K_m}{k_2[E]_0}$，y 切片が $\dfrac{1}{k_2[E]_0}$ となるので，両者の比から K_m が求められる。

3.4.5　反応速度の圧力依存性

　本項では，反応速度の圧力に対する依存性を，単分子反応を例として，定常状態近似を活用して議論していく。この議論は，1922 年にリンデマン（Lindemann）によって最初に検討されたものである。リンデマンは，単分子反応（解離反応，異性化反応など）について，分子間の衝突による活性化や脱活性化を含めた反応機構の検討を行った。

　ここでは，反応に預かる気体分子をAとする。反応がAだけが存在する系で進行すれば，衝突する相手は当然Aのみであるが，Aの反応を別の気体M（反応して他の分子に変化しないもの）中で行う場合，衝突相手はAまたはMとなる。後者の場合について，リンデマンは以下のような反応機構（素反応）を提案した。

　　活性化・脱活性化反応　　$A + M \underset{k_{-1}}{\overset{k_1}{\rightleftarrows}} A^* + M$ 　　　（3.88）

　　活性分子の反応　　　　　$A^* \xrightarrow{k_2} P$（生成物）　　　（3.89）

単分子反応（全反応）の速度定数を k_{uni} とすると，k_{uni} は

〔**memo**〕

$$-\frac{d[A]}{dt} = k_{uni}[A] \tag{3.90}$$

となる。また，活性分子 A^* について，定常状態が成り立っていると
すれば，近似的に

$$\frac{d[A^*]}{dt} = k_1[A][M] - k_{-1}[A^*][M] - k_2[A^*] = 0 \tag{3.91}$$

と書ける。すなわち

$$[A^*] = \frac{k_1[A][M]}{k_{-1}[M] + k_2} \tag{3.92}$$

である。ここで，A の減少速度は，A^* の反応する速度に等しいと考
えられるので

$$-\frac{d[A]}{dt} = k_2[A^*] = \frac{k_1 k_2[A][M]}{k_{-1}[M] + k_2} \tag{3.93}$$

である。したがって，単分子反応の速度定数は

$$k_{uni} = \frac{k_1 k_2 [M]}{k_{-1}[M] + k_2} = \frac{\dfrac{k_1}{k_{-1}} k_2}{1 + \dfrac{k_2}{k_{-1}[M]}} \tag{3.94}$$

と表される。

　ここで，不活性気体 M の圧力が大きい場合（高圧の極限）と小さ
い場合（低圧の極限）に分けて議論する。

① 高圧の極限，すなわち $[M] \longrightarrow \infty$ のとき　式 (3.94) に
おいて，$\dfrac{k_2}{k_{-1}[M]} \longrightarrow 0$ となるので

$$k_{uni} \longrightarrow \frac{k_1}{k_{-1}} k_2 \tag{3.95}$$

となるので，予測されるように一次反応となる。

② 低圧の極限，すなわち $[M] \longrightarrow 0$ のとき　式 (3.94) 式
において，$\dfrac{k_2}{k_{-1}[M]}$ の寄与が 1 よりもずっと大きくなるので

$$k_{uni} \longrightarrow \frac{\dfrac{k_1}{k_{-1}} k_2}{\dfrac{k_2}{k_{-1}[M]}} = k_1[M] \tag{3.96}$$

〔memo〕 となる。すなわち

$$-\frac{\mathrm{d}[\mathrm{A}]}{\mathrm{d}t} = k_{\mathrm{uni}}[\mathrm{A}] = k_1[\mathrm{M}][\mathrm{A}] \tag{3.97}$$

と記述されるため，二次反応と見なせることになる。

以上をまとめると，[M]が大きい，すなわち圧力が大きいときは，A分子は容易に衝突が可能であり（活性化が用意であり），その後の反応過程が律速になるため一次反応としてよい。一方，[M]が小さい，すなわち低圧のときは，衝突過程が律速となるため，むしろ二次反応とみなしたほうが適切であることがわかる。

3.5 反応速度の温度依存性

速度定数の温度依存性は，以下のアーレニウスの式

$$k = A \exp\left(-\frac{E_{\mathrm{a}}}{RT}\right)$$

で表される。ここでAは頻度因子，E_{a}は活性化エネルギーを表している。また，対数表記では

$$\ln k = -\frac{E_{\mathrm{a}}}{RT} + \ln A$$

となる。したがって，温度を変化させて反応速度を測定し，これを温度の逆数に対してプロットすることにより，直線の傾きから反応の活性化エネルギーを求めることができる。本節では，A，E_{a}ならびに$\exp\left(-\dfrac{E_{\mathrm{a}}}{RT}\right)$の項の意味について議論し，反応温度の温度依存性について詳述する。以下，「衝突理論」，「遷移状態理論」についてそれぞれ概説する。

3.5.1 衝 突 理 論

分子（または原子）AおよびBの反応は，通常両者の衝突により生じる。ただし，衝突に預かるA，Bがすべて反応して生成物を生じ

〔memo〕

るわけでなく，ある大きさの並進エネルギーを持った分子どうしの衝突のみが有効となる。したがって，反応速度は，単位時間当りの A，B の衝突回数に，有効衝突となるためのエネルギー因子を乗じたものとして表される。このような考え方をもとに反応速度を「気体分子運動論」により議論するのが**衝突理論**（collision theory）である。

　ここで，A，B ともに分子量を M，直径 d の球形分子とする。また，単位体積（$1\,\mathrm{cm}^3$）中に含まれる A，B 分子の個数を N_A，N_B とし，それらの平均速度を $\bar{u}$ とする。

　一つの分子（**図 3.4** の左側にある分子）に着目すると，単位時間当りに $\bar{u}$ の距離だけ進行する。ここで，他の分子が静止しているとすれば，この分子は直径 $2d$ で長さ $\bar{u}$ の円筒内に存在する分子（図 3.4 の灰色の部分）と衝突可能となる。

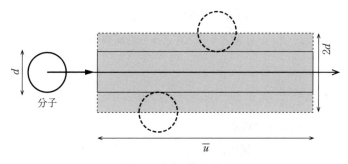

図 3.4　衝突可能な分子

　したがって，単位体積中の気体分子の総数を N_t とすれば，単位時間に衝突する回数は $\pi r^2 \bar{u} N_t$ となる。

　なお

$$N_t = N_A + N_B \tag{3.98}$$

である。

　実際には，すべての分子が運動しているので，速度としては相対速度を用いる必要がある。平均の相対速度は，$\sqrt{2}\,\bar{u}$ となるので，1 分

〔memo〕 子に関する衝突回数 Z_1 は

$$Z_1 = \sqrt{2}\,\pi r^2 \bar{u} N_t \tag{3.99}$$

　なお，1度衝突してからつぎの衝突までに進む距離として定義される平均自由行程 λ は

$$\lambda = \frac{\bar{u}}{\sqrt{2}\,N_t \pi r^2 \bar{u}} = \frac{1}{\sqrt{2}\,N_t \pi r^2} \tag{3.100}$$

と表される。

　これまでは1個の分子のみを考えてきたが，N_t 個の分子に関する単位体積当りの全衝突数 Z_{11} は

$$Z_{11} = \frac{1}{2}\,Z_1 N_t = \frac{\sqrt{2}}{2}\,\pi r^2 \bar{u} N_t^2 \tag{3.101}$$

と書ける。ここで，$Z_1 N_t$ に $1/2$ を乗じているのは，重複して数えたものを除くためである。

　ここまで，特にどの分子かを特定せずに議論してきたが，A と B の衝突数は，Z_{11} から A どうし，B どうしの衝突数を減じて得られるので

$$Z_{AB} = \frac{\sqrt{2}}{2}\,\pi r^2 \bar{u}(N_A + N_B)^2 - \frac{\sqrt{2}}{2}\,\pi r^2 \bar{u} N_A^2 - \frac{\sqrt{2}}{2}\,\pi r^2 \bar{u} N_B^2$$
$$= \sqrt{2}\,\pi r^2 \bar{u} N_A N_B \tag{3.102}$$

と書ける。ここで，気体分子はさまざまな速度で運動しているが，その分布がマクスウェルの速度分布則に従うとき，分子の平均速度は

$$\bar{u} = \sqrt{\frac{8RT}{\pi M}} \tag{3.103}$$

と表されるので，以上より

$$Z_{AB} = 4r^2 \sqrt{\frac{\pi RT}{M}}\,N_A N_B \tag{3.104}$$

と記述することができる。これが，反応物分子間の衝突回数を表す式である。

　つぎに，これらの衝突のうちで，生成物を生じるための電子や原子

の再配列を起こすのに十分なエネルギーを持つ衝突の割合を求める。 〔memo〕

再配列に要するエネルギーを E_a, すなわち活性化エネルギーとすれ

ば, 一対の分子が E_a より大きなエネルギーを持つ確率 P は

$$P = \exp\left(-\frac{E_a}{RT}\right) \tag{3.105}$$

と表される。

　以上の議論より, 衝突理論による反応速度は

$$-\frac{\mathrm{d}N_A}{\mathrm{d}t} = -\frac{\mathrm{d}N_B}{\mathrm{d}t} = Z_{AB} \exp\left(-\frac{E_a}{RT}\right)$$

$$= 4r^2 \sqrt{\frac{\pi RT}{M}} \, N_A N_B \exp\left(-\frac{E_a}{RT}\right) \tag{3.106}$$

となる。

　ここで, $1\,\mathrm{cm}^3$ 中の個数 N_A, N_B から濃度 C_A, C_B に変換を行う。ア

ボガドロ定数を L とすれば

$$N = \frac{L}{10^3} C \quad \text{ならびに} \quad \mathrm{d}N = \frac{L}{10^3} \mathrm{d}C$$

より

$$-\frac{\mathrm{d}C_A}{\mathrm{d}t} = -\frac{\mathrm{d}C_B}{\mathrm{d}t} = \frac{4r^2}{10^3} L \sqrt{\frac{\pi RT}{M}} \, C_A C_B \exp\left(-\frac{E_a}{RT}\right) \tag{3.107}$$

と表される。ここで, E_a は**活性化エネルギー**（activation energy）で

ある。

　この式と, 速度定数の温度依存性を示す**アーレニウスの式**（Arrhenius

equation）

$$k = A \exp\left(-\frac{E_a}{RT}\right) \tag{3.108}$$

を対比させると, 衝突理論では**頻度因子**（frequency factor）A は

$$A = \frac{4r^2}{10^3} L \sqrt{\frac{\pi RT}{M}} \tag{3.109}$$

と表されることがわかり, 頻度因子も温度依存性があることがわか

る。温度が高いほど, また分子サイズが大きいほど, 分子量が小さい

〔memo〕 ほど，衝突頻度は大きくなり，反応が促進されることになる。

3.5.2 遷移状態理論

Eyring は，化学反応におけるエネルギー曲線の極大点に対応する分子種（これを活性複合体，あるいは遷移状態）に着目して，反応速度ならびにその温度依存性を議論した。この考え方は，**遷移状態理論**（transition state theory）（あるいは**活性複合体理論**（active complex theory）と呼ばれる。

遷移状態理論では，活性複合体を形式的に分子として取り扱い，反応物と複合体の間に熱力学的な平衡を仮定する。

$$A + B \rightleftharpoons AB^{\ddagger} \longrightarrow P \tag{3.110}$$

ここで，$AB^{\ddagger}$ は活性複合体，P は生成物である。

反応速度は

① 活性複合体の濃度

② 活性複合体から生成物に変わる速度

の二つによって決定される。① に関しては，反応物と活性複合体の間の平衡を仮定すれば

$$C_{AB^{\ddagger}} = K^{\ddagger} C_A C_B \tag{3.111}$$

ここで，$C_{AB^{\ddagger}}$，$K^{\ddagger}$ は，それぞれ活性複合体の濃度，活性複合体を生成する反応の平衡定数である。

② に関しては，以下のように考える。活性複合体は不安定な分子であり，それを構成する原子はゆるい結合で結ばれている。その結合に沿って原子は振動しているが，そのエネルギー（振動数）が大きくなったときに，複合体は生成物へと変換されていく。このときの振動数が分解速度に相当する。ゆるく結合した分子間の振動では，振動数は比較的小さいので，振動エネルギーは $k_B T$ とみなされる（k_B：ボルツマン定数）。このとき振動数 ν，すなわち分解速度は，プランクの式（$E = h\nu$）を用いて

〔memo〕

$$\nu = \frac{k_B T}{h} \tag{3.112}$$

と表される。

したがって，①，②の因子を掛け合わせることにより，反応速度 v は

$$v = -\frac{dC_A}{dt} = \nu C_{AB}{}^{\ddagger} = K^{\ddagger}\left(\frac{k_B T}{h}\right) C_A C_B \tag{3.113}$$

と表すことができる。式（3.113）を，二次反応の速度式（3.40式）と比べてみると

$$k_2 = K^{\ddagger}\left(\frac{k_B T}{h}\right) \tag{3.114}$$

となることがわかる。実際には，これに透過係数と呼ばれる活性複合体から生成物へと反応が進行する割合を乗ずる必要があるが，詳細は他書[2]に譲る。

一方，$K^{\ddagger}$ は，反応物と活性複合体の標準状態における自由エネルギー差 $\Delta G^{\ddagger}$ （**活性化自由エネルギー**（free energy of activation））と以下のように関連付けられる。

$$\Delta G^{\ddagger} = -RT \ln K^{\ddagger} \tag{3.115}$$

あるいは

$$K^{\ddagger} = \exp\left(-\frac{\Delta G^{\ddagger}}{RT}\right) \tag{3.116}$$

また

$$\Delta G^{\ddagger} = \Delta H^{\ddagger} - T\Delta S^{\ddagger} \tag{3.117}$$

（$\Delta H^{\ddagger}$ は**活性化エンタルピー**（enthalpy of activation），$\Delta S^{\ddagger}$ は**活性化エントロピー**（entropy of activation））

と表すことができるので，以上より

$$K^{\ddagger} = \exp\left(\frac{\Delta S^{\ddagger}}{R}\right)\exp\left(-\frac{\Delta H^{\ddagger}}{RT}\right) \tag{3.118}$$

と書ける。以上より，遷移状態理論における反応速度定数は

$$k_2 = K^{\ddagger}\left(\frac{k_B T}{h}\right) = \left(\frac{k_B T}{h}\right)\exp\left(\frac{\Delta S^{\ddagger}}{R}\right)\exp\left(-\frac{\Delta H^{\ddagger}}{RT}\right) \quad (3.119)$$

と記述することができる。

ここで，式（3.119）においては温度の項が指数項の外にも含まれている点に注目する必要があるが，この項が温度変化時における k_2 の変化に及ぼす影響は相対的に小さい。したがって，遷移状態理論では，衝突理論における活性化エネルギー E_a に相当するものは活性化エンタルピー $\Delta H^{\ddagger}$ であることになる。両者は同じものではないが，その差は大きくない。このとき頻度因子は近似的に

$$A = \left(\frac{k_B T}{h}\right)\exp\left(\frac{\Delta S^{\ddagger}}{R}\right) \quad (3.120)$$

と表される。

なお，証明は割愛するが，E_a と $\Delta H^{\ddagger}$ の間には

$$\Delta H^{\ddagger} = E_a + (\Delta \nu^{\ddagger} - 1)RT \quad (3.121)$$

の関係がある[1]。ここで，$\Delta \nu^{\ddagger}$ は，反応における（右辺の係数の和）から（左辺の係数の和）を引いたものである。式（3.110）の活性複合体が形成する反応においては，$\Delta \nu^{\ddagger}$ は -1 であるので，式（3.121）は

$$\Delta H^{\ddagger} = E_a - 2RT \quad (3.122)$$

となる。この関係を式（3.119）に代入すると

$$k_2 = \left(\frac{k_B T}{h}\right)\exp\left(\frac{\Delta S^{\ddagger}}{R}\right)\exp\left(-\frac{E_a - 2RT}{RT}\right)$$

$$= e^2\left(\frac{k_B T}{h}\right)\exp\left(\frac{\Delta S^{\ddagger}}{R}\right)\exp\left(-\frac{E_a}{RT}\right) \quad (3.123)$$

と表される（**アイリングの式**（Eyring equation））。このとき，頻度因子 A は

$$A = e^2\left(\frac{k_B T}{h}\right)\exp\left(\frac{\Delta S^{\ddagger}}{R}\right) \quad (3.124)$$

と表すことができる。

演 習 問 題

【演習3.1】　$A + B \longrightarrow C + D$ の形の二次反応の反応速度式は次式のように表される。

$$-\frac{dC_A}{dt} = k_2 C_A C_B \tag{3.40}$$

この微分方程式を以下の初期条件のもとで解け。

初濃度 $(t=0)$：$C_A{}^0 = a$，$C_B{}^0 = b$，任意の時間における反応量：x

【演習3.2】　$3A \longrightarrow B$ で表される反応が三次反応で進行すると仮定する。

（1）　A の濃度 C_A に関して反応速度式（微分方程式）を示せ。

（2）　微分方程式を解き，C_A にと反応時間 t の関係を示す式を導け。

（3）　この反応の半減期を求めよ。

【演習3.3】　以下のような可逆反応を考える。

$$A \underset{k_{-1}}{\overset{k_1}{\rightleftharpoons}} B$$

時間 $t=0$ のときの A の初濃度 $C_A = C_A{}^0$，B の初濃度 $C_B = 0$ とするとき，

$$C_A = \frac{k_1}{k_1 + k_{-1}} C_A{}^0 \exp\{-(k_1 + k_{-1})t\} + \frac{k_{-1}}{k_1 + k_{-1}} C_A{}^0 \tag{3.46}$$

と表されることを導け。

【演習3.4】　$A + B \longrightarrow C$ という反応の素反応が以下のように表されるとする。

$$2A \underset{k_{-1}}{\overset{k_1}{\rightleftharpoons}} M$$

$$M + B \xrightarrow{k_2} A + C$$

中間体である M に定常状態近似を適用できるとき，この反応の速度式はどのように表されるか求めよ。

【演習3.5】　以下の反応

$$CH_3CH_2Cl + Br^- \longrightarrow CH_3CH_2Br + Cl^-$$

は典型的な求核置換反応であり

その素反応は

$$CH_3CH_2Cl + Br^- \underset{k_{-1}}{\overset{k_1}{\rightleftharpoons}} [Cl\text{-}CH_3CH_2 - Br]^- \xrightarrow{k_2} CH_3CH_2Br + Cl^-$$

と表される。

反応中間体に定常状態近似を適用し，この反応が二次反応とみなせることを示せ。

【演習 3.6】 以下に示すミカエリス・メンテンの式において，$k_2[E]_0$ は最大反応速度 V_0 と呼ばれる。ミカエリス定数 K_m と V_0 について，それらの次元を求めよ。

$$\frac{d[P]}{dt} = \frac{k_2[E]_0[S]}{K_m + [S]} \tag{3.85}$$

【演習 3.7】

（1） 温度が 10℃ 上昇したら反応速度はどれだけ変化するか，アーレニウスの式をもとに導出せよ。

（2） 反応速度が 25℃ から 35℃ に上昇したとき，反応速度が 2 倍になった。この反応の活性化エネルギー E_a を求めよ。

第4章
化学反応速度論：応用編

4.1 反応機構の応用

　本節では，反応速度論の機構に関する応用として，次数別分類および化学方程式別分類について述べ，まとめている。これらの相互関係を理解し，反応速度論を体系化することが重要である。

　化学反応速度式は，理解しやすいように数学的に次数別に数学と化学を体系づけて化学方程式別に分類することができる。

4.1.1 次数別の分類

　化学反応速度式を次数で分類すると次式のようになる。ここでは，よく使用される2次までの速度式を示す。なお，反応物AおよびBの初濃度をa_0およびb_0，変化濃度をx，反応速度定数をk，反応時間をtとする。

〔1〕次　数　0

　　微分式：　　　　　　$\dfrac{\mathrm{d}x}{\mathrm{d}t} = k$　　　　　　　(4.1)

　　積分式：　　　　　　$k = \dfrac{x}{t}$　　　　　　　(4.2)

〔memo〕   速度定数の単位：　$mol \cdot l^{-1} \cdot s^{-1}$

〔2〕 **次 数 1/2**

微分式：　　　　　$\dfrac{\mathrm{d}x}{\mathrm{d}t} = k(a_0 - x)^{1/2}$　　　　　(4.3)

積分式：　　　　　$k = \dfrac{2}{t}(a_0^{1/2} - (a_0 - x)^{1/2})$　　　　(4.4)

速度定数の単位：　$mol \cdot l^{-1} \cdot s^{-1}$

〔3〕 **次 数 1**

微分式：　　　　　$\dfrac{\mathrm{d}x}{\mathrm{d}t} = k(a_0 - x)$　　　　　(4.5)

積分式：　　　　　$k = \dfrac{1}{t} \ln \dfrac{a_0}{a_0 - x}$　　　　　(4.6)

速度定数の単位：　$mol \cdot l^{-1} \cdot s^{-1}$

〔4〕 **次 数 3/2**

微分式：　　　　　$\dfrac{\mathrm{d}x}{\mathrm{d}t} = k(a_0 - x)^{3/2}$　　　　　(4.7)

積分式：　　　　　$k = \dfrac{2}{t}\left(\dfrac{1}{(a_0 - x)^{1/2}} - \dfrac{1}{a_0^{1/2}} \right)$　　　(4.8)

速度定数の単位：　$mol \cdot l^{-1} \cdot s^{-1}$

〔5〕 **次 数 2**

微分式：　　　　　$\dfrac{\mathrm{d}x}{\mathrm{d}t} = k(a_0 - x)^2$　　　　　(4.9)

積分式：　　　　　$k = \dfrac{1}{t} \dfrac{x}{a_0(a_0 - x)}$　　　　(4.10)

速度定数の単位：　$mol \cdot l^{-1} \cdot s^{-1}$

4.1.2 化学方程式別の分類

つぎに，化学方程式別に分類すると，次式のようになる。

〔1〕 **化学方程式 A＝P＋…**

微分式： $\dfrac{\mathrm{d}x}{\mathrm{d}t} = kax = k(a_0 - x)(x + x_0)$ （x_0：初濃度）

$$(4.11)$$

積分式： $k = \dfrac{1}{t}\dfrac{1}{a_0 - x_0}\ln\dfrac{a_0(x_0 + x)}{x_0(a_0 - x)}$ 　　(4.12)

〔2〕 **化学方程式 A＋B＝P＋…**

微分式： $\dfrac{\mathrm{d}x}{\mathrm{d}t} = kab = k(a_0 - x)(b_0 - x)$ 　　(4.13)

積分式： $k = \dfrac{1}{t}\dfrac{1}{b_0 - a_0}\ln\dfrac{a_0(b_0 + x)}{b_0(a_0 - x)}$ 　　(4.14)

〔3〕 **化学方程式 A＋2B＝P＋…**

微分式： $\dfrac{\mathrm{d}x}{\mathrm{d}t} = kab = k(a_0 - x)(b_0 - 2x)$ 　　(4.15)

積分式： $k = \dfrac{1}{t}\dfrac{1}{b_0 - 2a_0}\ln\dfrac{a_0(b_0 + 2x)}{b_0(a_0 - x)}$ 　　(4.16)

〔4〕 **化学方程式 2A＋B＝P＋…**

微分式： $\dfrac{\mathrm{d}x}{\mathrm{d}t} = ka^2b = k(a_0 - 2x)^2(b_0 - x)$ 　　(4.17)

積分式： $k = \dfrac{1}{t}\dfrac{1}{2b_0 - a_0}\left(\dfrac{1}{a_0 - 2x} - \dfrac{1}{a_0}\right)$

$$+ \dfrac{1}{(2b_0 - 2a_0)^2}\ln\dfrac{b_0(a_0 - 2x)}{a_0(b - x)} \qquad (4.18)$$

このように体系づけて考えると，数学的に理論的に理解できる。

4.2 生体系における化学反応速度論—Mb および Hb を中心に—

　　生体系における化学反応速度論の例として，Mb および Hb の一酸化炭素（CO）および酸素（O₂）の結合は有名であり，かつ基本となるので，本節ではこれらの系の解析方法として，ギブソンの解析法およびブルノリ・ノーブル・ギブソンの解析法を紹介する。特に，平衡交換反応法は短寿命かつ不安定な化合物の解析法として重要である。

　速度論的な測定法が進歩した20世紀中期，さらにMbおよびHbの酸素錯体モデルの研究が盛んになった1970年代以降，平衡論および速度論の研究も盛んになり，J. P. Collman, T. G. Traylor, C. K. Changらを代表とする精力的な研究が浸透し，多くの学術論文が出ている。なお，正反応および逆反応の速度定数を k_{on} および k_{off} とする。

4.2.1 二 次 反 応

ヘムタンパク質のHbおよびMbとCOの反応は二次平衡反応であるが，親和性が非常に高く（結合解離平衡定数が非常に大きい），ほとんど不可逆と考えられるので，二次反応として解析できる。ここでは，ギブソン（Gibson）の解析法[1]を紹介する。

この反応は，式（4.19）のように考えられ，初期状態（$t=0$）および任意時間（$t=t$）における物質濃度は，式（4.19）の下に示したように変化する。

$$\mathrm{Fe(II)} + \mathrm{CO} \xrightarrow{k_{on}} \mathrm{Fe(II)\text{-}CO} \qquad (4.19)$$

$$
\begin{array}{cccc}
t=0 & \beta & \alpha & 0 \\
t=t & \beta-x & \alpha-x & x \\
t=0 & \beta & \alpha & 0 \\
t=t & \beta-x & \alpha-x & x \\
\end{array}
$$

そこで，反応速度の微分式および積分式を示すと，それぞれ式（4.20）および式（4.21）のようになる。ただし，初期条件として，$t=0$ のとき $x=0$ とする。

$$\frac{\mathrm{d}x}{\mathrm{d}t} = k_{on}(\beta-x)(\alpha-x) \qquad \text{（微分形）} \qquad (4.20)$$

$$k_{on}t = \frac{1}{\alpha-\beta}\ln\frac{\beta(\alpha-x)}{\alpha(\beta-x)} \qquad \text{（積分形）} \qquad (4.21)$$

以上より，解法aおよびbのような方法で速度定数 k_{on} を求めることができる。

【解法a】 $x\ [=f(t)]$ データ

縦軸に $\dfrac{1}{\alpha-\beta}\ln\dfrac{\beta(\alpha-x)}{\alpha(\beta-x)}$, 横軸に t をとってプロットする

⇒ グラフの傾き＝速度定数 k_{on}

【解法b】 $\beta=$一定, α 変化

縦軸に $\dfrac{\Delta x(\alpha-x)}{\beta-x}$, 横軸に Δt をとってプロットする

⇒ グラフの傾き＝速度定数 k_{on}

4.2.2 二次平衡反応

　ヘムタンパク質の Hb および Mb と O_2 の反応は二次平衡反応であり，その最も一般的な解析法は，4.2.1 項でも紹介したギブソンの解析法[1] である。その後，酸素錯体モデルの研究が進み，現在では多くの測定例が発表されている。

　この反応は式 (4.22) のように考えられ，初期状態 ($t=0$) および任意時間 ($t=t$) における物質濃度は，式 (4.22) の下に示したように変化する。そこで，4.2.1 項と同様の方法で，速度定数 k_{on}, k_{off} を求めることができる。

$$\text{Fe}(\text{II}) + \text{O}_2 \underset{k_{off}}{\overset{k_{on}}{\rightleftharpoons}} \text{Fe}(\text{II})-\text{O}_2 \tag{4.22}$$

$$
\begin{array}{cccc}
t=0 & \beta & \alpha & 0 \\
t=t & \beta-x & \alpha-x & x
\end{array}
$$

　そこで，反応速度の微分式および積分式を示すと，それぞれ式 (4.24) および式 (4.25) のようになる。ただし，初期条件として，$t=0$ のとき $x=0$ とする。

$$\dfrac{dx}{dt}=k_{on}(\beta-x)(\alpha-x)-k_{off}x \qquad (\text{微分形}) \tag{4.23}$$

$$\downarrow \quad \alpha\gg\beta \longrightarrow \alpha-x\approx\alpha$$

$$\dfrac{dx}{dt}=k_{on}\alpha(\beta-x)-k_{off}x \tag{4.24}$$

〔**memo**〕

$$x = \frac{k_{on}\alpha\beta}{k_{on}\alpha + k_{off}}(1 - \exp(-(k_{off} + k_{on}\alpha)t))$$

$$\approx \beta(1 - \exp(-(k_{off} + k_{on}\alpha)t)) \quad \left(\because \frac{k_{on}\alpha}{k_{on}\alpha + k_{off}} \approx 1\right) \quad (積分形)$$

$$(4.25)$$

4.2.3 平衡交換反応

　ここでは，ブルノリ（Brunori），ノーブル（Noble），ギブソンらによる方法[2),3)] を紹介する。この方法は，寿命の短い，不安定な模倣体[†] の酸素錯体系でおもに用いられる。酸素錯体モデルの研究が進むとこの方法の研究も進展し，多くの測定例が発表されている。

$$\mathrm{Fe(II)-O_2 + CO} \underset{k_{on}}{\overset{k_{off}}{\rightleftharpoons}} \mathrm{Fe(II) + O_2 + CO} \underset{j_{off}}{\overset{j_{on}}{\rightleftharpoons}} \mathrm{Fe(II)-CO + O_2}$$

$$(4.26)$$

$$\frac{d[\mathrm{Fe-CO}]}{dt} = j_{on}[\mathrm{Fe}][\mathrm{CO}] - j_{off}[\mathrm{Fe-CO}] \qquad (4.27)$$

$$\frac{d[\mathrm{Fe-O_2}]}{dt} = k_{on}[\mathrm{Fe}][\mathrm{O_2}] - k_{off}[\mathrm{Fe-O_2}] \qquad (4.28)$$

$$\frac{d[\mathrm{Fe}]}{dt} = 0 \qquad (4.29)$$

式 (4.29) より

$$k_{off}[\mathrm{Fe-O_2}] + j_{off}[\mathrm{Fe-CO}] - k_{on}[\mathrm{Fe}][\mathrm{O_2}] - j_{on}[\mathrm{Fe}][\mathrm{CO}] = 0$$

$$(4.30)$$

$$\downarrow$$

$$\therefore \frac{d[\mathrm{Fe-O_2}]}{dt} = \frac{j_{off}(k_{on}[\mathrm{O_2}])}{k_{on}[\mathrm{O_2}] + j_{on}[\mathrm{CO}]}[\mathrm{Fe-CO}]$$

---

†　ある分子の機能や反応を他の分子を用いて実現するとき，その分子のことを模倣体あるいはモデル化合物という。模倣体は，反応の解析を簡単にしたり，あるいは天然の分子の働きを人工的に再現する研究などで用いられる。

$$\frac{-k_{\mathrm{off}}(j_{\mathrm{on}}[\mathrm{CO}])}{k_{\mathrm{on}}[\mathrm{O_2}]+j_{\mathrm{on}}[\mathrm{CO}]}[\mathrm{Fe-O_2}] \tag{4.31}$$

↓

条件：$j_{\mathrm{on}}[\mathrm{CO}]<<k_{\mathrm{on}}[\mathrm{O_2}]$　（$\longrightarrow k_{\mathrm{on}}\approx 10 j_{\mathrm{on}}$, $[\mathrm{O_2}]\approx 10[\mathrm{CO}]$）

$$\tag{4.32}$$

↓　式 (4.31)，(4.32) より

$$\frac{\mathrm{d}[\mathrm{Fe-O_2}]}{\mathrm{d}t}=j_{\mathrm{off}}[\mathrm{Fe-CO}]-j_{\mathrm{on}}\left(\frac{k_{\mathrm{off}}[\mathrm{CO}]}{k_{\mathrm{on}}[\mathrm{O_2}]}\right)[\mathrm{Fe-O_2}] \tag{4.33}$$

$$\sum[\mathrm{Fe}]=[\mathrm{Fe-O_2}]+[\mathrm{Fe-CO}] \tag{4.34}$$

↓

$$\therefore\quad \frac{[\mathrm{Fe-O_2}]}{\sum[\mathrm{Fe}]}=x,\qquad \frac{[\mathrm{Fe-CO}]}{\sum[\mathrm{Fe}]}=1-x \tag{4.35}$$

↓　式 (4.33)，(4.34) より

$$\frac{\mathrm{d}x}{\mathrm{d}t}=j_{\mathrm{off}}(1-x)-j_{\mathrm{on}}\left(\frac{k_{\mathrm{off}}[\mathrm{CO}]}{k_{\mathrm{on}}[\mathrm{O_2}]}\right)x=j_{\mathrm{off}}-\left(j_{\mathrm{off}}+j_{\mathrm{on}}\left(\frac{k_{\mathrm{off}}[\mathrm{CO}]}{k_{\mathrm{on}}[\mathrm{O_2}]}\right)\right)x$$

$$\tag{4.36}$$

初期条件：$t=0$ のとき $x=x_0$, 極限条件：$t=\infty$ のとき $x=x_\infty$

↓　式 (4.36) より

$$j_{\mathrm{off}}+j_{\mathrm{on}}\frac{k_{\mathrm{off}}[\mathrm{CO}]}{k_{\mathrm{on}}[\mathrm{O_2}]}=\frac{1}{t}\ln\frac{x_0-x_\infty}{x_t-x_\infty}\equiv R \tag{4.37}$$

（なお，x_t：$t=t$ のときの $x=x_t$）

4.3　酵素反応速度論

　本節では，酵素反応速度論の解析法として有名なミカエリス・メンテンの式に基づく反応解析例を述べる。さらに，この反応速度論の阻害剤の影響について，拮抗型阻害，非拮抗型阻害および不拮抗型阻害について述べる。また，阻害剤別のプロットと速度式，環境因子の影響，高速反応速度論などについてまとめる。

4.3.1 酵素反応の反応式（ミカエリス・メンテンの式）に基づく反応

酵素反応の一般的な反応式は，酵素 E，基質 S，酵素-基質中間体 ES，生成物 P とした場合，つぎのように示され，反応速度 v は以下のように導かれる。

$$E + S \underset{k_{-1}}{\overset{k_{+1}}{\rightleftharpoons}} ES \overset{k_{+2}}{\longrightarrow} P + E \quad (k_n：速度定数) \tag{4.38}$$

$$K_S = \frac{[E][S]}{[ES]} = \frac{k_{-1}}{k_{+1}}$$

$$(K_S：解離定数（基質定数，真のミカエリス定数）) \tag{4.39}$$

$$v = -\frac{d[ES]}{dt} = k_{+2}[ES] \tag{4.40}$$

$$[E]_0 = [E] + [ES] \quad ([E]_0：酵素初濃度) \tag{4.41}$$

式 (4.39)，(4.41) より

$$[ES] = [E]_0 \frac{[S]}{K_S + [S]} \tag{4.42}$$

式 (4.40)，(4.42) より

$$v = k_{+2}[E]_0 \frac{[S]}{K_S + [S]} \tag{4.43}$$

式 (4.43) より v を基質濃度 [S] に対してプロットした場合，[S] の増加に伴って v はある値に漸近し，この値を見かけの最大反応速度 V_{max} とすると

$$V_{max} = k_{+2}[E]_0 \tag{4.44}$$

となり，v は最終的に

$$v = V_{max} \frac{[S]}{K_S + [S]} \tag{4.45}$$

となる。また，速度式は定常状態から求めることも可能であり，基質濃度 [S] が十分ならば酵素中間体濃度 [ES] は時間によらず一定であるという定常状態近似を用いると

$$\frac{d[ES]}{dt} = k_{+1}[E][S] - (k_{-1}[ES] + k_{+2}[ES]) = 0 \tag{4.46}$$

〔memo〕

$$\therefore \quad \frac{[\text{E}][\text{S}]}{[\text{ES}]} = \frac{k_{-1} + k_{+2}}{k_{+1}} \tag{4.47}$$

式（4.47）の右辺を見かけのミカエリス定数 K_m とすると，式（4.39）との類似性から

$$V = V_\mathrm{max} \frac{[\text{S}]}{K_\mathrm{m} + [\text{S}]} \tag{4.48}$$

となり，式（4.39）および式（4.48）より

$$K_\mathrm{m} = K_\mathrm{S} + \frac{k_{+2}}{k_{+1}} \tag{4.49}$$

が導かれる。ここで重要なのは，$k_{+2} \ll k_{+1}$ の場合のみ K_m と K_S は一致することである。一般に，式（4.48）をミカエリス・メンテン式と呼ぶ（式（4.45）は厳密には異なる）。さらに，K_m および V_max は本反応系において固有の定数であり，K_m が酵素と基質との親和性を，V_max が基質に対する酵素の触媒能力を示す指標である。

K_m および V_max を実験的に求めるには，ミカエリス・メンテン式を変形して用いる場合が多く，

$$\frac{1}{v} = \frac{K_\mathrm{m}}{V_\mathrm{max}[\text{S}]} + \frac{1}{V_\mathrm{max}} \quad \longrightarrow \quad \text{ラインウィーバー・バークプロット} \tag{4.50}$$

$$\frac{[\text{S}]}{v} = \frac{K_\mathrm{m}}{V_\mathrm{max}} + \frac{[\text{S}]}{V_\mathrm{max}} \quad \longrightarrow \quad \text{ホフステープロット（Hofstee plot）} \tag{4.51}$$

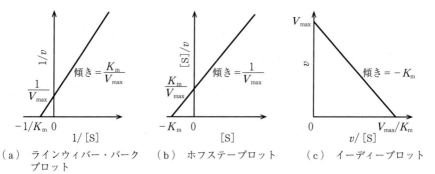

（a）ラインウィーバー・バーク　　（b）ホフステープロット　　（c）イーディープロット
　　　プロット

図 4.1 K_m および V_max を実験的に求めるプロット

〔memo〕

$$v = V_{max} - K_m \frac{v}{[S]} \quad \longrightarrow \quad \text{イーディープロット (Eadie plot)}$$

$$(4.52)$$

などのプロットがあり，**図 4.1** に示されるようなグラフとなって図式的に求められる。なお，プロットの仕方により，各測定値の持つ重みが異なるので，捕外法で求める K_m および V_{max} の精度が異なることに注意する必要がある。

4.3.2　阻害剤の影響：拮抗型阻害，非拮抗型阻害および不拮抗型阻害

酵素活性を低下させる物質を**阻害剤**（inhibitor）といい，阻害剤には拮抗型阻害剤，非拮抗型阻害剤および不拮抗型阻害剤などがある。[I] を阻害剤濃度として各阻害剤の阻害機構，特徴，速度式および速度式からプロットへの変形式をまとめて**表 4.1** に示す。また，各阻害剤のラインウィーバー・バーグプロットおよびディクソンプロット（Dixon plot）を**図 4.2〜図 4.4** に示す。なお，K_S は 4.3.1 項で示し

表 4.1　各阻害剤の阻害機構，特徴，および速度式からプロットへの変形式

	拮抗型阻害剤	非拮抗型阻害剤	不拮抗型阻害剤
阻害機構	$E \underset{}{\overset{K_S}{\rightleftarrows}} ES \longrightarrow P+E$ $\Big\Updownarrow K_I$ EI	$E \underset{}{\overset{K_S}{\rightleftarrows}} ES \longrightarrow P+E$ $\Big\Updownarrow K_I \quad \Big\Updownarrow K_I$ $EI \rightleftarrows ESI$	$E \underset{}{\overset{K_S}{\rightleftarrows}} ES \longrightarrow P+E$ $\qquad \Big\Updownarrow K_I$ $\qquad ESI$
特徴	阻害剤と結合した酵素は触媒反応に用いられない。	阻害剤が酵素の基質との結合部位以外に結合して酵素活性を低下させる。	阻害剤が酵素基質複合のみに結合して活性低下を招く。
速度式	$v = V_{max} \dfrac{[S]}{[S]+K_S(1+[I]/K_I)}$	$v = V_{max} \dfrac{[S]}{(K_S+[S])(1+[I]/K_I)}$	$v = V_{max} \dfrac{[S]}{K_S+[S](1+[I]/K_I)}$
速度式からプロットへの変形式	$\dfrac{1}{v} = \dfrac{1}{V_{max}} + \dfrac{K_S}{V_{max}}[S]$ $\qquad + K_S \cdot \dfrac{[I]}{V_{max}} K_I[S]$	$\dfrac{1}{v} = K_S \dfrac{1+[I]/K_I}{V_{max}}[S]$	$\dfrac{1}{v} = \dfrac{K_S}{V_{max}[S]+(1+[I]K_I)/V_{max}}$

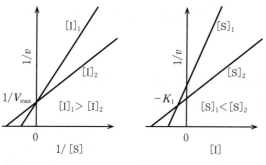

（a）ラインウィバー・バークプロット　　（b）ディクソンプロット

図 4.2 拮抗型阻害剤のプロット

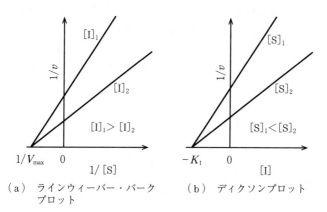

（a）ラインウィーバー・バークプロット　　（b）ディクソンプロット

図 4.3 非拮抗型阻害剤のプロット

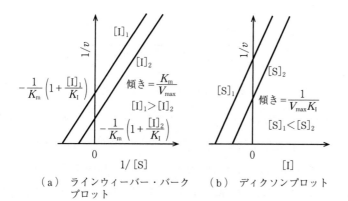

（a）ラインウィーバー・バークプロット　　（b）ディクソンプロット

図 4.4 不拮抗型阻害剤のプロット

〔**memo**〕　　た真のミカエリス定数（解離定数）および K_I は阻害剤との反応の平衡定数である。

4.3.3. 酵素活性への pH，温度などの影響

ここでは，酵素活性への pH，温度などの影響について述べる。まず，酵素活性の pH 依存性であるが，一般的には，**図4.5** に示されるような酵素活性が最発揮される至適 pH の領域（ベル型曲線）が存在する。しかしながら，酵素はアミノ酸の重合体であるために解離状態を単一のアミノ酸の pK_a のみでは決定できないこと，基質が電荷をもつ場合には静電引力あるいは静電斥力の大きさが pH に依存すること等により，環境に対応した厳密な酵素活性測定を行い，明確な至適 pH 領域を定めている。

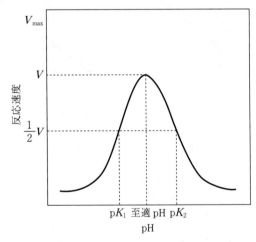

図4.5　酸素活性への pH の影響

つぎに，酵素活性への温度による影響であるが，一般に，化学反応と同様に，温度増加により酵素の反応速度は増加するが，**図4.6** に示されるように，ほとんどの酵素は約 50〜60°C 程度で反応が頭打ちとなり，これ以降は急激に減少する。これは，酵素がタンパク物質であ

〔**memo**〕

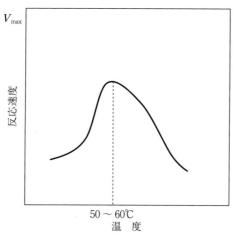

図 4.6　酸素活性への温度の影響

り，高熱下において立体構造が破壊される，熱的な変性が生じるためである。

4.4　高速反応測定法

　高速反応測定法は，**表 4.2** に示すように分類される。この表に示す

表 4.2　高速反応測定法の分類

種　類	例	測定の時間領域	対応している測定手法 （あるいは測定手段）
フロー法 （流通法）	連続フロー法，ストップトフロー法など	ms〜μs	UV-vis，CD，ESR，NMR，LS など
ジャンプ法	温度ジャンプ法，圧力ジャンプ法，pH ジャンプ法，電場ジャンプ法など	μs〜ns	電導度測定など
フラッシュ法 （せん光照射法，せん光分解法）	フラッシュホトリシス法，ダブルフラッシュ法など	μs〜ps	種々の分光法
パルス法 （パルス放射線分解法）	パルスラジオリシス法など	μs〜ps	放射線量測定

〔memo〕　ように高速反応測定法は測定の時間領域，種々の分光法などを駆使して検討されており，目的に合った方法を使用するのが良策である。さらに，表4.2の測定法は生体系の研究にも適用できる。

　高速反応測定法のための装置には，つぎのようなものがあり，測定法別に示すことにする。

　・ストップトフロー法：　2種またはそれ以上の溶液を急速に流して混合することにより反応を開始させる方法である。流通法とも呼ばれる。特に，溶液の流れをある時点で停止させて観測するのがストップドフロー法である。ストップトフロー装置[4,5] を**図4.7**に示す。

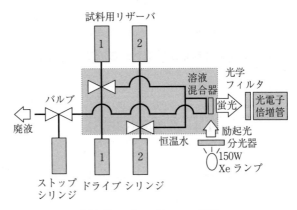

図4.7　ストップトフロー装置

　・フラッシュホトリシス法：　試料にせん光（フラッシュライト）を照射し，瞬時に起こる化学反応を測定する光化学的反応解析法である。この方法は，せん光照射により起こる反応よりも，照射後の二次的反応，すなわち，一種の緩和過程を解析する方法である。ラピッドスキャン分光法を併用したダブルフラッシュ法などがある。ここでは，ダブルフラッシュ法の装置を**図4.8**に示す。

　・パルスラジオリシス法：　放射線化学的な方法の一つとしてパルスラジオリシス法がある。パルスラジオリシス装置を**図4.9**に示す。

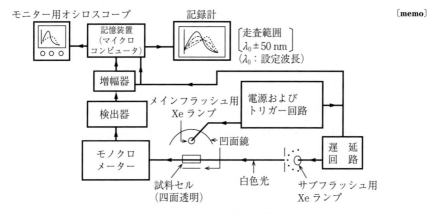

図4.8 ダブルフラッシュ法の装置

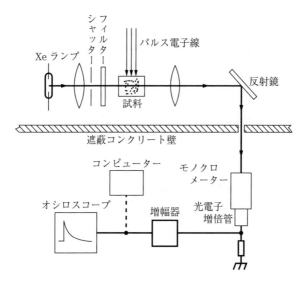

図4.9 パルスラジオリシス装置

さらに，高速反応測定法における研究対象となる生体系の一例として

① 酵素反応

② 生体高分子のコンホメーション変化

　　③　生体高分子間および低分子間相互作用

　　④　生体系における光化学反応

などがある。

　　①の酵素反応の素反応は速い反応であり，その反応機構を明らかにするには，高速反応測定が必要となる。②については，タンパク質，核酸などの局所構造のゆらぎ，それに伴う活性の変化などが，高速反応測定により初めて明らかになった。③については，タンパク質，核酸などの生体分子間の相互作用やそれらと金属や低分子ラジカルとの結合を高速反応測定で解明している。さらに，④については，生体系のエネルギー固定のための光化学反応が高速反応測定を使って解析されている。

　　また，ヘムタンパク質，その活性中心である金属ポルフィリンなどに関する測定においても，フロー法，ストップトフロー法，温度ジャンプ法における1波長固定における吸光度測定，pHジャンプ法，フラシュホトリシス法，パルスラジオリシス法，in vivoにおける高速反応測定などが検討されている。これらの詳細は，文献5) などを参考にされたい。

演　習　問　題

【演習 4.1】　つぎの略号の日本語名を示しなさい。

　（1）k_{on}　　（2）k_{off}　　（3）K_m　　（4）K_S　　（5）V_{max}　　（6）K_I

【演習 4.2】　反応速度を次数別に分類した場合の（1）微分式，（2）積分式および（3）速度定数の単位について，0次～2次までを分類して答えなさい。

【演習 4.3】　化学反応速度論における方法において，平衡交換反応による方法がある。それに関する（1）基本的な概要，（2）その例（反応式，解析例など）を説明しなさい。

【演習 4.4】　高速反応測定法は大きく 4 種類に分類されるが，（1）それらを分類を示し，個々の測定法の（2）適用時間領域，（3）測定法の測定手段を示しなさい。

【演習 4.5】　酵素反応の反応式を式（1）とした場合

$$\text{E} + \text{S} \underset{K_{-1}}{\overset{K_{+1}}{\rightleftharpoons}} \text{ES} \overset{K_2}{\longrightarrow} \text{P} + \text{E} \tag{1}$$

（E：酵素，S：基質，ES：酵素-基質中間体，P：生成物，K_n：反応速度定数）
酵素，基質と酵素-基質中間体の間できわめて速く平衡が成り立ち，かつ平衡は右に偏っており，酵素-基質中間体の分解速度 v が律速となって進行する機構と仮定すると

$$K_\text{S} = \frac{[\text{E}][\text{S}]}{[\text{ES}]} = \frac{k_{-1}}{k_{+1}} \quad (K_\text{S}：基質定数 = \text{ES} の解離定数) \tag{2}$$

$$v = -\frac{\text{d}[\text{ES}]}{\text{d}t} = k_2 [\text{ES}] \tag{3}$$

の式が成り立つ。つぎの問に答えなさい。

（1）　酵素の初期濃度を $[\text{E}]_0$ とした場合，$[\text{E}]_0$ と $[\text{E}]$ および $[\text{ES}]$ との関係式を導きなさい。

（2）　問（1）の答えを利用して，$[\text{ES}]$ を求める式を示しなさい。

（3）　問（1）および問（2）の答えを用いて，v を求める式を示しなさい。

（4）　問（3）で得られた式において，$[\text{S}] \sim v$ の関係より，基質濃度 $[\text{S}]$ を増やしていくとある値 V_max となり，式（4）が得られる。これより，v の関係式を導きなさい。

$$V_\text{max} = k_2 [\text{E}]_0 \tag{4}$$

（5）　上記の v の関係式（問（3）の答え）を導く際に，酵素，基質と酵素-基質中間体の間できわめて速く平衡が成り立つことを仮定しているが，定常状態近似から関係式を求める方法がある。この方法において

$$\frac{\text{d}[\text{ES}]}{\text{d}t} = k_{+1}[\text{E}][\text{S}] - (k_{-1}[\text{ES}] + k_2[\text{ES}]) = 0 \tag{5}$$

$$\frac{[\text{E}][\text{S}]}{[\text{ES}]} = \frac{k_{-1} + k_2}{k_{+1}} \tag{6}$$

が成り立つ。式（6）の右辺と式（2）の類似性から v を求める式を導きなさい。

（6）　これらの答より，ミカエリス定数である K_m と K_S（ES の解離定数 = 基質定数）の関係式を導きなさい。

引用・参考文献

〔2章〕

1) A. V. Hill：*J. Physiol.*, **40**, 4-7（1910）

2) G. S. Adair：*J. Biol. Chem.*, **63**, 517（1925）

3) J. Monod, J. Wyman, J. P. Changeux：*J. Mol. Biol.*, **12**, 88（1965）

4) 亘　弘，生越久端，飯塚哲太郎　共編：化学増刊，**76**，ヘムタンパク質の化学，化学同人（1978）

5) 長　哲郎，他　著：共立化学ライブラリー20，ポルフィリンの化学，共立出版（1982）

6) 大阪大学大学院生命機能研究科　生体機能分子計測研究室（石島研究室）
https://www.fbs.osaka-u.ac.jp/abs/ishijima/Allosteric-01.html （2021 年 1 月確認）

7) 近藤　保，大島宏行，松村延弘，牧野公子：生物物理化学，三共出版（1992）

8) https://ja.wikipedia.org/wiki/ボーア効果 （2020 年 11 月確認）

9) https://meddic.jp/ボーア効果 （2020 年 11 月確認）

〔3章〕

1) G. M. Barrrow 著，大門　寛，堂免一成 訳：バーロー 物理化学（下）第 6 版，東京化学同人（1999）

2) 土屋荘次：はじめての化学反応論，岩波書店（2003）

〔4章〕

1) Q. H. Gibson：*J. Physiol.*, **134**, 1, pp. 112-122（1956）

2) M. Brunori, R. W. Noble, E. Antonini, J. Wyman：*J. Biol. Chem.*, **241**, 22, pp. 5238-5243（1966）

3) R. W. Noble, Q. H. Gibson：*J. Biol. Chem.*, **244**, 14, pp. 3905-3908（1969）

4) 水上琢也，槇　互介：蛋白質科学会アーカイブ，3, e058（2010）

https://www.pssj.jp/archives/protocol/measurement/StoppedFlow_01/StoppedFlow_01.html　（2020 年 11 月確認）

5)　石村　巽，波多野博行，林晃一郎，廣海啓太郎 共編：生体系の高速反応，化学増刊，**80**，化学同人（1979）

〔演習問題解答例〕

1)　近藤　保，大島宏行，村松延弘，牧野公子：生物物理化学，三共出版（1992）

演習問題解答例

1章

【演習 1.1】

圧力：kg·m^{-1}·s^{-2}, 　　エネルギー：kg·m^2·s^{-2}

【演習 1.2】

（1）　$w = -9.09 \times 10^2$ J, 　　$\Delta U = 0$ J, 　　$q = 9.09 \times 10^2$ J

（2）　$w = -5.70 \times 10^3$ J, 　　$\Delta U = 0$ J, 　　$q = 5.70 \times 10^3$ J

【演習 1.3】

（1）　$T = 191$ K, 　　$\Delta U = w = -1.33 \times 10^3$ J

（2）　$T = 119$ K, 　　$\Delta U = w = -2.24 \times 10^3$ J

【演習 1.4】

$\Delta H = 0$ J, 　　$\Delta S = -9.14$ J/K, 　　$\Delta G = 3.41 \times 10^3$ J

【演習 1.5】（省略）

【演習 1.6】（省略）

【演習 1.7】（省略）

【演習 1.8】

$K_C = (RT)^{-\Delta\nu} K_P$, 　　$K_x = K_P P^{-\Delta\nu}$ 　（ただし，$\Delta\nu = \nu_C + \nu_D - \nu_A - \nu_B$）

【演習 1.9】

（1）　-1.68×10^4 J/mol 　（2）　4.66×10^2 　（説明は省略）

【演習 1.10】

（1）　0.951 　（2）　5.34 atm 　（説明は省略）

【演習 1.11】

（1）　1.19 atm 　（2）　121℃ 　（3）　1.55×10^2 J/K

【演習 1.12】

（1）　0（説明は省略）

（2）　2（説明は省略）

（3）　2（説明は省略）

【演習 1.13】

0.162

【演習 1.14】（省略）

【演習 1.15】（省略）

【演習 1.16】（省略）

【演習 1.17】（省略）

【演習 1.18】

175

2 章

【演習 2.1】

（1）　Mb：ミオグロビン

（2）　Hb：ヘモグロビン

（3）　Y〔−〕：（基質）飽和度の 0〜1 範囲の表記

（4）　Y〔%〕：（基質）飽和度の 0〜100% 範囲の表記（問（3）と単位の異なる同義語）

（5）　p_{50}：50% の Y における基質分圧

（6）　$p_{1/2}$：0.5〔−〕の Y における基質分圧（問（5）と単位の異なる同義語）

（7）　MWC の解析：モノー・ワイマン・シャンジューの解析

【演習 2.2】

　本文を参照のこと。

【演習 2.3】

　本文を参照のこと。

3 章

【演習 3.1】

　初濃度（$t=0$）$C_A^0=a$，$C_B^0=b$，任意の時間における反応量を x とすると $C_A=a-x$，$C_B=b-x$ と表される。このとき，上式は

$$\frac{\mathrm{d}x}{\mathrm{d}t}=k_2(a-x)(b-x)$$

となる。これを変数分離して

$$\frac{\mathrm{d}x}{(x-a)(x-b)}=k_2\mathrm{d}t$$

とする。これを積分すると

$$\int\frac{\mathrm{d}x}{(x-a)(x-b)}=\int k_2\mathrm{d}t$$

となる。左辺の分数を変形すると

$$\frac{1}{a-b} \int \left(\frac{1}{x-a} - \frac{1}{x-b} \right) dx = k_2 \int dt$$

となるので，これを計算すると

$$\frac{1}{a-b} \ln \frac{x-a}{x-b} = k_2 t + C' \qquad (C' : 積分定数)$$

となる。$t=0$ のとき，$x=0$ より

$$C' = \frac{1}{a-b} \ln \frac{a}{b}$$

である。したがって

$$\frac{1}{a-b} \ln \frac{x-a}{x-b} = k_2 t + \frac{1}{a-b} \ln \frac{a}{b}$$

となり，次式を得る。

$$\frac{1}{a-b} \ln \frac{b(x-a)}{a(x-b)} = k_2 t$$

または

$$k_2 t = \frac{1}{a-b} \ln \frac{b(a-x)}{a(b-x)}$$

【演習 3.2】

（1）　反応速度式は次式のように表される。

$$-\frac{dC_A}{dt} = k_3 C_A^{\ 3} \tag{3.21（再掲）}$$

（2）　この微分方程式を以下の初期条件のもとで解く。

初濃度 $(t=0)$ を $C_A^{\ 0} = a$，任意の時間における反応量を x とすると，任意の時間において $C_A = a - x$ となる。このとき

$$-\frac{d(a-x)}{dt} = \frac{dx}{dt} = k_3 (a-x)^3$$

となる。これを変数分離してから両辺を積分すると

$$\int_0^x \frac{dx}{(a-x)^3} = k_n \int_0^t dt$$

$$\frac{1}{2} \left\{ \frac{1}{(a-x)^2} - \frac{1}{a^2} \right\} = k_3 t$$

となる。したがって

$$\frac{1}{2} \left(\frac{1}{C_A^{\ 2}} - \frac{1}{C_A^{\ 02}} \right) = k_3 t$$

（3）　半減期 τ は，問（2）の答えから

$$\frac{1}{2} \left(\frac{2}{C_A^{\ 02}} - \frac{1}{C_A^{\ 02}} \right) = k_3 t$$

したがって

$$\tau = \frac{1}{2k_3}\frac{1}{C_A^{02}}$$

【演習 3.3】

A の減少速度は次式のように表される。

$$-\frac{dC_A}{dt} = k_1 C_A - k_{-1} C_B$$

$t=0$ のとき，$C_A = C_A^0$，$C_B = 0$ とすれば，つねに，$C_A + C_B = C_A^0$ となる。したがって

$$-\frac{dC_A}{dt} = k_1 C_A - k_{-1} C_A^0 - C_A = (k_1 + k_{-1}) C_A - k_{-1} C_A^0$$

ここで，$k_1 + k_{-1} = k$，$k_{-1} C_A^0 = A$ と置くと

$$-\frac{dC_A}{dt} = kC_A - A \tag{A3.1}$$

ここで，$-\dfrac{dC_A}{dt} = kC_A$ の解は，変数分離型の微分方程式を解いて

$$C_A = B \exp(-kt) \tag{A3.2}$$

であるが，式 (A3.1) の一般解は，式 (A3.2) の B を定数ではなく，t の関数とした形となる。そこで，再度式 (A3.2) を微分する。

$$\frac{dC_A}{dt} = \frac{dB}{dt}\exp(-kt) - kB\exp(-kt) = A - kC_A = A - kB\exp(-kt)$$

したがって

$$\frac{dB}{dt}\exp(-kt) = A$$

である。つまり

$$\frac{dB}{dt} = A\exp(-kt)$$

である。これを積分すると

$$B = \frac{A}{k}\exp(-kt) + C' \quad (C' : 積分定数)$$

となる。これを式 (A3.2) に代入すれば

$$C_A = \left(\frac{A}{k}\exp(-kt) + C'\right)\exp(-kt) = \frac{A}{k} + C'\exp(-kt)$$

となり，k と A を元に戻せば

$$C_A = \frac{k_{-1}}{k_1 + k_{-1}} C_A^0 + C'\exp\{-(k_1 + k_{-1})t\}$$

となる。ここで，初期条件で $t=0$ のとき，$C_A = C_A^0$ なので

$$C_A^0 = \frac{k_{-1}}{k_1 + k_{-1}} C_A^0 + C'$$

$$C' = C_A^0 - \frac{k_{-1}}{k_1 + k_{-1}} C_A^0 = \frac{k_1}{k_1 + k_{-1}} C_A^0$$

と求まる。以上より

$$C_A = \frac{k_1}{k_1 + k_{-1}} C_A^0 \exp\{-(k_1 + k_{-1})t\} + \frac{k_{-1}}{k_1 + k_{-1}} C_A^0$$

【演習 3.4】

定常状態近似より

$$\frac{dC_I}{dt} = \frac{1}{2} k_1 C_A^2 - k_1 C_I - k_2 C_I C_B = 0$$

これを解いて

$$C_I = \frac{k_1 C_A^2}{2(k_{-1} + k_2 C_B)}$$

したがって

$$\frac{dC_C}{dt} = k_2 C_B C_I = \frac{k_1 k_2 C_A^2 C_B}{2(k_{-1} + k_2 C_B)}$$

【演習 3.5】

$$[Cl - CH_3CH_2 - Br]^- = [X]$$

と書くことにする。

$$\frac{d[X]}{dt} = k_1[CH_3CH_2Cl][Br^-] - k_1[X] - k_2[X] = 0$$

$$[X] = \frac{k_1}{k_1 + k_2}[CH_3CH_2Cl][Br^-]$$

したがって

$$\frac{d[CH_3CH_2Cl]}{dt} = k_2[X] = \frac{k_1 k_2}{k_1 + k_2}[CH_3CH_2Cl][Br^-]$$

となり二次反応とみなせる。

【演習 3.6】

　ミカエリス定数 K_m の次元は，[S] と同じであることから，[物質量]・[長さ]$^{-3}$ である。

　最大反応速度 V_0 の次元は，[長さ]・[時間]$^{-1}$ である。

【演習 3.7】

（1）　アーレニウスの式より，温度 T [K]，ならびに $(T+10)$ [K] での速度定数 k_T, k_{T+10} は

$$k_T = A \exp\left(-\frac{E_a}{RT}\right)$$

$$k_{T+10} = A \exp\left\{-\frac{E_a}{R(T+10)}\right\}$$

と表せる。両者の比で反応速度の変化の大きさを示すと次式のようになる。

$$\frac{k_{T+10}}{k_T} = \exp\left\{\frac{E_a}{R}\frac{10}{T(T+10)}\right\}$$

（2）問（1）より

$$2 = \exp\left\{\frac{E_a}{R}\frac{10}{298 \times 308}\right\}$$

である。これを解くと，$E_a = 53\,\mathrm{kJ/mol}$ と求まる。

4章

【演習 4.1】

（1）k_{on}：（平衡反応（⇄）における）正方向の速度定数

（2）k_{off}：（平衡反応（⇄）における）逆方向の速度定数

（3）K_m：酵素反応における見かけの解離定数（見かけの基質定数，見かけのミカエリス定数）（酵素と基質との親和性を示す指標）

（4）K_S：酵素反応における解離定数（基質定数，真のミカエリス定数）

（5）V_{max}：酵素反応における見かけの最大反応速度（基質に対する酵素の触媒能力を示す指標）

（6）K_I：酵素反応における阻害剤との反応の平衡定数

【演習 4.2】

本文を参照のこと。

【演習 4.3】

本文を参照のこと。

【演習 4.4】

本文を参照のこと。

【演習 4.5】

（1）$[E]_0 = [E] + [ES]$

（2）$[ES] = \dfrac{[E]_0[S]}{K_S + [S]}$

（3）$v = k_2 \dfrac{[E]_0[S]}{K_S + [S]}$

（4）$v = V_{max} \dfrac{[S]}{K_S + [S]}$

（5）　$v = V_{\max} \dfrac{[\mathrm{S}]}{K_\mathrm{m} + [\mathrm{S}]}$

$$\left(K_\mathrm{m} = \frac{k_{-1} + k_2}{k_{+1}} \right)$$

（6）　$K_\mathrm{m} = K_\mathrm{S} + \dfrac{k_2}{k_{+1}}$

$k_2 \ll k_{+1}$ の場合のみ，$K_\mathrm{m} = K_\mathrm{S}$ となる[1]。

索　　引

―― 著 者 略 歴 ――

酒井 健一（さかい けんいち）
1999 年 東京理科大学理学部第一部応用化学科
　　　　卒業
2004 年 東京理科大学大学院理学研究科博士
　　　　後期課程修了（化学専攻），博士（理学）
2004 年 英国リーズ大学博士研究員
2007 年 東京理科大学助教
2012 年 東京理科大学講師
2019 年 東京理科大学准教授
　　　　現在に至る

酒井 秀樹（さかい ひでき）
1990 年 東京大学工学部応用化学科卒業
1995 年 東京大学大学院工学系研究科博士課程
　　　　修了（応用化学専攻），博士（工学）
1995 年 東京理科大学助手
2000 年 東京理科大学講師
2003 年 東京理科大学助教授
2007 年 東京理科大学准教授
2012 年 東京理科大学教授
　　　　現在に至る

湯浅 真（ゆあさ まこと）
1983 年 早稲田大学理工学部応用化学科卒業
1988 年 早稲田大学大学院理工学研究科博士
　　　　課程修了（応用化学専攻），工学博士
1988 年 東京理科大学助手
1993 年 東京理科大学講師
1998 年 東京理科大学助教授
2001 年 東京理科大学教授
　　　　現在に至る

化学系学生にわかりやすい平衡論・速度論
Chemical Equilibrium and Kinetics : Easy to Undergraduate Students Majoring in Chemistry
© Kenichi Sakai, Hideki Sakai, Makoto Yuasa 2021

2021 年 4 月 16 日　初版第 1 刷発行　　　　　　　　　　　　　　　★

検印省略	

著　者　酒　井　健　一
　　　　酒　井　秀　樹
　　　　湯　浅　　　真
発行者　株式会社　コロナ社
　　　　代表者　牛来真也
印刷所　萩原印刷株式会社
製本所　有限会社　愛千製本所

112-0011　東京都文京区千石 4-46-10
発行所　株式会社　コロナ社
CORONA PUBLISHING CO., LTD.
Tokyo Japan
振替 00140-8-14844・電話(03)3941-3131(代)
ホームページ https://www.coronasha.co.jp

ISBN 978-4-339-06654-8　C3043　Printed in Japan　　　　　　（柏原）